智造未来·建筑工程设计技术研究系列丛书

剪力墙结构新技术应用研究

Research on Application of New Technology of Shear Wall Structure

邢　民　杨兴民　等著

U0177922

中国建筑工业出版社

图书在版编目（CIP）数据

剪力墙结构新技术应用研究＝Research on Application of New Technology of Shear Wall Structure/邢民等著. —北京：中国建筑工业出版社，2022.7

（智造未来·建筑工程设计技术研究系列丛书）

ISBN 978-7-112-27434-5

Ⅰ.①剪…　Ⅱ.①邢…　Ⅲ.①剪力墙结构-研究　Ⅳ.①TU398

中国版本图书馆 CIP 数据核字（2022）第 090364 号

责任编辑：高　悦　万　李
责任校对：李美娜

智造未来·建筑工程设计技术研究系列丛书
剪力墙结构新技术应用研究
Research on Application of New Technology of Shear Wall Structure
邢　民　杨兴民　等著

*

中国建筑工业出版社出版、发行（北京海淀三里河路9号）
各地新华书店、建筑书店经销
霸州市顺浩图文科技发展有限公司制版
天津翔远印刷有限公司印刷

*

开本：787 毫米×1092 毫米　1/16　印张：14¾　字数：363 千字
2022 年 10 月第一版　　2022 年 10 月第一次印刷
定价：**68.00** 元
ISBN 978-7-112-27434-5
（39612）

丛 书 前 言

回望我国新世纪建筑创作二十多年的发展史，以"国家大剧院"全球方案征集为起点，我们看到，建筑师们正是藉结构技术（包括材料应用、空间建构与分析技术等）、环境营造技术（水、暖、电、气、讯供给技术等）和现代建造技术的有力支撑，才创作并建成了形形色色、千姿百态的当代建筑作品。这些作品极大地丰富了我们所生活的物质世界，一些作品还成为我们所在城市的标志和象征。

著名建筑师诺曼·福斯特（Norman Foster）说："建筑的进步及其未来不是存在于建筑界所展开的专业领域里，而是存在于围绕建筑的相关领域的尖端技术里，在那里可以发现其发展的可能性。只有不断地与其他领域积极合作，将尖端应用于建筑之中，在其结果所产生的功能与美这个全新结合的世界里才有建筑的未来。"因此，从 2009 年开始，我们在中建股份研发计划的支持下，以结构工程师为研究核心，先后组建了几个跨领域、跨学科、跨专业的研究团队，聚焦建筑设计相关技术，面向行业现实需求，陆续立项了《大跨度建筑的结构构型研究》《带交叉斜筋的单排配筋混凝土剪力墙结构住宅抗震性能及设计方法研究》《高层装配式劲性剪力墙结构体系研究》《智慧社区设计集成技术研究与示范》等系列研发课题。目的是通过研发团队不同领域、不同学科背景成员间的认知激荡和思维碰撞，打破可能约束我们眼界范围的、固有的专业局限性，力图为我们这个行业贡献一丝新理念，注入一点新见解。

本套丛书就是在上述诸项研发课题的研究成果基础上整理编纂而成的。这个将研究报告整理成书的过程充满挑战，因此我要特别感谢为此付出艰辛努力的中国建筑工业出版社的各位编辑同仁。

鉴于吾等研究者理论水平和经验所限，书中谬误之处在所难免，所以，我们衷心期待各位专家和读者给予批评指正。

邢 民

前　言

目前，我国有关剪力墙的设计规范和规程的适用范围主要是 10 层及 10 层以上，高度超过 28m 的民用建筑，为了探索如何在多层住宅结构中应用钢筋混凝土剪力墙结构（墙厚 140mm 左右），并考虑设计方法的合理性、施工方法的简便性和造价的经济性，有必要对多层住宅采用剪力墙结构进行系统研究。

本书上篇研究的总体思路是：系统地进行带斜筋与不带斜筋的双向单排配筋剪力墙低周反复荷载作用下抗震性能试验研究；在试验基础上，对不同构造措施的剪力墙及结构的刚度、承载力、延性、恢复力特性、耗能能力、破坏机制和破坏特征等进行系统地分析，研究其工作性能、抗震性能；建立恢复力模型；建立双向单排配筋剪力墙及结构的承载力计算模型和公式，提出结构的抗震设计方法和构造措施。

该新型多层剪力墙节能住宅结构与其他类型的多层住宅结构相比，其特点在于：在结构配筋构造方面，采用双向单排配筋混凝土剪力墙结构及其节点构造，提出了带斜筋双向单排配筋混凝土剪力墙结构；在节能方面，采用燕尾槽聚苯外保温体系；在施工方面，采用一种半免拆模网技术，该模网技术是一个开放系统，可以实施墙体钢筋网片的绑扎。较系统的抗震研究和工程实践表明：该新型结构与传统的多层黏土砖结构相比较，具有良好的抗震性能；与双排配筋剪力墙相比，在平面内的抗震性能提高，同时由于剪力墙结构的腹板与翼缘共同工作，其平面外的工作性能同样满足设计要求；采用半免拆模的施工技术有效地解决了由于单排配筋混凝土保护层增大而出现的裂缝问题。该新型剪力墙结构体系满足多层结构抗震要求，比多层砖房抗震性能显著提高，比双向双排或多排配筋剪力墙的墙体厚度减小、钢筋和混凝土的用量减少、工程造价降低，有利于推广应用。

预制装配式剪力墙体系在设计结构分析时采用的基本理念是"等同现浇"。楼层间上下墙板节点连接主要采用套筒、波纹管和预留孔洞灌浆连接。这些连接方式都是将要连接的钢筋拉开一段距离或者搭接，然后在孔洞内灌入高强度灌浆料；硬化后，钢筋和套筒、波纹管或者孔洞外侧的混凝土牢固结合在一起形成统一整体。连接钢筋的拉力通过剪力传递给灌浆料，再通过剪力传递到灌浆料和周围套筒、波纹管或者混凝土的界面上去，主要依靠粘结传力，可靠性不高；由于钢筋的拉力主要依靠粘结传力，套筒、波纹管或者孔洞的长度和直径都会比较大，导致用钢量大，成本高；由于套筒、波纹管或者孔洞的容积比较大，因此采用的特殊灌浆料用量也较大，且其耐久性并没有得到充分验证；竖向连接的预制构件之间通常预留的空隙较小，坐浆质量好坏受工人施工因素影响很大，如灌浆料不能充满空隙，将导致结合面在水平荷载作用下发生开裂破坏。我们知道，建筑物在发生地震时，节点安全是保证墙板构件安全的前提，楼层墙板的系统安全又是保证建筑物不会发生连续倒塌，进而保证建筑结构整体安全的前提。

本书下篇研究的总体思路是：基于国内外已有的钢筋连接技术及装配剪力墙连接技术，研发直径较大的钢筋墩头，研发与钢筋配套的螺母，研发钢筋墩头螺母锁锚灌浆套筒和新型装配剪力墙节点连接方式。钢筋采取墩头或者安装螺母的措施，使之与灌浆套筒相互锁锚，从而增加钢筋连接可靠性；并进一步对这种新型钢筋连接接头进行型式检验。

高层装配式劲性剪力墙结构体系是根据现有装配式建筑更高的抗震性能的需要，符合国家提倡的绿色建筑、建筑工业化及住宅产业化的要求，根据高层民用建筑的特点和功能要求及装配施工的工艺要求而提出来的。按照力学分析原理正确合理地划分结构构件的组合形式，根据当今的新技术、新材料、新工艺，提出新型连接结点的形式和具体构造。通过低周反复荷载试验和模拟地震振动台试验，研究这种新型装配式剪力墙结构的抗震性能，一方面验证这种新型高层结构体系的合理性和构造的具体技术要求，另一方面对所提出的新型结点，验证其可靠性、适用性和施工的便易性。从而解决装配式工业化建筑应用的主要技术难题，建立、健全相应的标准规范体系，大力推广装配式工业化建筑的发展和应用。

邢　民

目 录

上篇 带交叉斜筋的单排配筋混凝土剪力墙结构住宅抗震性能及设计方法研究

下篇　钢筋墩头螺帽锁锚灌浆套筒连接的预制
混凝土高层剪力墙结构体系研究

上　篇

带交叉斜筋的单排配筋混凝土
剪力墙结构住宅抗震性能及
设计方法研究

绪　论

1.1　引言

高层住宅一直是国内住宅的主流，高层住宅的优点有：采光较好，空气质量较好，噪声较小，节约土地，可以创造更多的外部空间。但是人们日渐注意到高层住宅容积率偏大、人口密度过大、视线干扰严重、私密性难以保证、住宅场所感消失，从而影响了人们的居住环境质量；另外高层建筑的自身防灾能力不足，其受灾后的逃生困难，留下了诸多安全隐患，这对居民的身心健康造成了影响；并且高层住宅的工程造价较高，这些因素增加了居住成本，降低了高层住宅的舒适性。

随着生活质量水平的不断提高，人们对人居环境品质的要求越来越高，构建安全、健康、人与自然和谐的环境，提高社区的宜居性已成为主流追求，多层住宅具备了低层住宅的宜人尺度、空间环境、与自然的亲近感和对土地资源的较高利用率，因而渐渐成为许多城市提倡的一种居住模式。黏土砖多层住宅被禁用后，多层住宅多数采用砌体结构、轻型钢结构和异形柱框轻结构。砌体结构的整体性能和抗震性能较差，容易出现"热、裂、渗、漏"等质量问题；轻型钢结构造价较高，结构防火性，耐久性较差。

因此，研究满足抗震和节能要求的新型多层住宅结构体系成为亟需。

钢筋混凝土剪力墙结构有良好的抗震性能和防火性能，常用于高层住宅建设，它既可以承受建筑的竖向荷载，又能抵抗水平荷载，具有良好的抗震性能，但其配筋方式为两排钢筋网片，用钢量较大，施工不便，造价较高，并不适合在多层住宅结构中推广应用。钢筋混凝土剪力墙结构在住宅建筑中应用十分广泛，有关改善其抗震性能的研究工作主要是针对高层剪力墙结构进行的，一些主要的规范和规程也是针对高层剪力墙结构的设计编制相关内容的，应该说高层剪力墙结构的设计技术已较成熟。显见，将高层剪力墙结构的设计和施工要求套用到多层剪力墙结构中是不太合理的，特别是配筋和施工方式对多层剪力墙的造价影响是明显的，不利于其广泛地推广应用。但对于多层混凝土剪力墙住宅结构，通常其墙体厚度为140mm即可满足要求，在这种情况下可以采用双向单排配筋混凝土剪力墙，其施工较为简便，再结合部分免拆模板技术，可以解决双向单排配筋混凝土剪力墙开裂的问题。

为此，笔者所在的课题组对单排配筋混凝土剪力墙结构进行了较系统的试验与设计方法研究。为提高单排配筋混凝土剪力墙的抗剪切滑移能力，改善其抗震性能，可在单排配筋基础上设置斜筋，提出了带斜筋单排配筋混凝土剪力墙结构。带斜筋的单排配筋混凝土剪力墙结构是在普通混凝土剪力墙结构的基础上发展起来的一种适合多层住宅的新型结构，关于带斜筋双向单排配筋混凝土剪力墙抗震性能的试验研究文献报道极少，因此本书开展带斜筋双向单排配筋剪力墙的抗震性能试验研究具有重要的工程应用参考价值。

1.2　多层住宅结构体系研究现状

1.2.1　多孔黏土砖体系

黏土砖在我国建筑材料市场中占据绝对地位，主要有就地取材、价格便宜、经久耐用、防火、隔热、隔声、吸潮等优点，废碎砖块还可作为混凝土的集料，在土木工程中应用广泛。随着经济和社会可持续发展，节约能源、保护土地资源、保护环境已提上日程；目前国家已经出台有关政策禁止生产和使用黏土实心砖。多孔黏土砖结构是在禁止使用实心黏土砖时期大量建设的。多孔黏土砖虽与实心黏土砖有区别，但仍属黏土制品，按照新的墙改政策，现已被禁止使用。

1963 年，沈仰同等试制了多孔黏土空心砖，其抗压强度平均达到 $159.8kN/cm^2$，试件所用的黏土是原生产实心砖所用的黏土，所用的制砖机是原生产实心砖的中型龙口螺旋挤泥机，在制作过程中遇到了泥缸发热和泥条开裂的问题，沈仰同等给出了解决问题的方案。

1995 年，张永洲等进行了两组火山渣钢筋砼-SK1 型多孔黏土砖组合墙片及两组一般钢筋砼-SK1 型多孔黏土砖组合墙片的抗震性能研究，通过试验给出了墙体的破坏现象、裂纹状态、滞回曲线，研究表明火山渣钢筋砼-SK1 型多孔黏土砖组合墙片是民用住宅建筑较为理想构造元件，它不但有着良好的抗震性能，而且有良好热工性能，具有较高的经济效益和社会效益。

莫斯科 PAH 力学研究所研究出增加多孔黏土砖强度的方法。该法将锯木屑与助熔剂（如苏打、碳酸钾、天然或人造硫酸钠）搅拌，加入诸如再生废油或润滑油、沥青乳液、热沥青搅拌，再加仁煅烧，制成多孔黏土砖。该砖的抗压强度比一般的多孔黏土砖高出 25～50MPa，并可节约煅烧时的热能（如掺入 1kg 沥青可有 30～40MJ 的热能）。

1.2.2　多层砌体结构体系

常见的砌体结构主要有：配筋砌体、集中配筋砌体、预应力砌体等几种类型。配筋砌体主要指设置构造柱及水平拉结筋的砌体，或者设置加芯柱的空心砌块砌体。配筋砌体是我国目前应用最广泛的砌体结构，但由于构造柱的约束作用，使砌体的强度有了较大的提高，但是它对砌块的约束作用较小，不能充分发挥砌块的抗压能力，使得钢筋也不能充分发挥其抗拉性能，整体强度仍然偏低。集中配筋砌体是指墙体在竖向和水平向每隔一定的间距，设置钢筋混凝土柱（或带），钢筋要计入受力计算，抵抗外荷载作用，集中配筋砌体主要是针对均布配筋砌体提出的。均布配筋砌体是指沿砌体水平方向，在施工时的预留空槽中或空心砌块的孔洞中竖向均匀布置钢筋的砌体，由于配筋均匀，其受力性能较好，但施工速度慢，用钢量大。集中配筋砌体由于施工速度快，用钢量相对较小，抗震能力强，可建的层数较高，越来越引起人们的重视，但砌体开裂荷载较小，在地震区其使用功能仍受限制。预应力砌体是指在混凝土柱（带）中，或者空心砌块的芯柱中施加预应力，来增加对砌体的约束作用，所配的钢筋和预应力筋都计入受力计算。预应力砌体有与预应力混凝土类似的作用，能增加对砌体的约束作用，延缓砌体的开裂，提高其开裂荷载和极限荷载，提高其抗震性能，且用筋量相对较小。

砌体结构以前主要采用烧结黏土砖，随着国家保护耕地及墙改政策的出台，烧结黏土砖已经不允许在建筑结构中使用，目前砌体结构中混凝土空心砌块取代烧结黏土砖成为墙体的主要材料。砌体结构具有较好的耐火性与耐久性，良好的隔声、隔热和保温性能；但是砌块强度低，截面尺寸大，材料用量多，因此结构自重大；另外混凝土空心砌块之间的连接主要是砌块之间砂浆的粘结力，抗震性能较差。配筋砌体结构虽在空心砌块的孔洞竖向配置了钢筋，但没有绑扎箍筋，芯柱内灌注混凝土无法振捣密实，难以保证其抗震的可靠性。

李新平等根据砖砌体结构在地震作用下主要表现为剪切破坏的特点，采用子结构拟动力试验技术对配筋砌体房屋结构进行了抗震试验研究。通过6片墙体的试验研究表明：在墙体水平灰缝内配有适量的钢筋网，可以改善砖砌体结构在极限荷载后的性能，提高结构的抗震能力。

周炳章从唐山地震后的经验教训中得到设置构造柱等可以减轻砌体房屋的倒塌，通过四川汶川地震灾害总结看出这些措施还不够，还需要进一步完善和加强，他建议在砌体结构中增加各种形式的配筋，以提高砌体房屋的抗震性能。周炳章认为砌体结构房屋抗震的出路在配筋，认为地震的历史经验教训告诉我们，应当改变观念，跳出砌体结构中不配筋、少配筋的传统，把砌体材料逐步引向配筋砌体结构的方向发展，寻求合理的配筋方式，包括类似构造柱、圈梁、竖向配筋、水平配筋、墙内外配筋等各种方式，以改变砌体材料的脆性性质。同时建议在地震区淘汰和禁用无筋砌体结构，从学校到科研单位应当把配筋砌体研究列为重点。

刘西光等对多层砌体结构墙体的抗震剪切强度进行了研究，试验表明蒸压粉煤灰砖、加气混凝土砌块、混凝土多孔砖等新型砌体在剪压复合受力下往往发生块体斜向劈裂或斜压破坏，《建筑抗震设计规范（2016年版）》GB 50011—2010中砌体的抗震剪切强度仅与砂浆强度有关，已不能正确计算这类砌体的抗震剪切强度。针对剪压复合受力下块体劈裂（斜压）破坏，依据最大主应力破坏准则给出了砌体剪压抗剪强度计算公式。

构造柱、圈梁和现浇楼板可增强砌体结构的整体性，是砌体结构的主要抗震构造措施，为反映砌体结构整体性的抗震作用，分析构造柱、圈梁和现浇楼板对结构整体性的影响，2014年，苏启旺等提出结构整体性系数的计算方法。基于汶川地震中大量多层砖砌体结构房屋震害的分析，苏启旺等建议了考虑砖砌体结构整体性系数和承载力指标的震害程度指标，指出它可作为结构抗震能力指标之一；建立了不同地震烈度下震害程度指标与结构破坏程度间的定量关系，根据上述的定量关系，获得震害程度判断值，分析烈度和破坏程度的变化对震害程度判断值的影响；最后进行多幢多层砖砌体结构房屋墙体破坏程度评估的分析与验证，结果表明采用震害程度指标及震害程度判断值可以准确评估结构不同方向的墙体破坏程度，实现对砌体结构的抗震评估。

1.2.3　多层框架结构体系

在民用建筑中，框架结构主要有空间分隔灵活、自重轻、有利于抗震、节省材料等优点，还具有较灵活地配合建筑平面布置的优点，且有利于安排需要较大空间的建筑结构。框架结构的梁构件和柱构件易于标准化、定型化，也便于采用装配整体式结构，以缩短施工工期。采用现浇混凝土框架时，结构的整体性和刚度较好，而且还可以把梁或柱浇筑成各种需要的截面形状，截面形状多元化。

但也存在一些问题：住宅中房间分隔一般都不规则，因此柱网难以布置；由于柱截面大于隔墙厚度而造成柱子外凸、梁高度大于板厚度而造成梁外凸、影响家具布置和美观；从抗震性能角度看，其抗侧力性能和延性较差，框架节点应力集中显著；框架结构的侧向刚度小，属柔性结构框架，在强烈地震作用下，结构所产生水平位移较大，易造成严重的非结构性破性；框架之间的填充墙一般用非承重砌块，非承重砌块填充墙本身也存在"热、裂、渗、漏"的弊病；从材料消耗和造价角度看，钢材和水泥用量较大，构件的总数量多，吊装次数多，接头工作量大，工序多，浪费人力，施工受季节和环境的影响较大。

叶列平等介绍了各国规范关于结构抗连续性倒塌的设计目标和有关设计规定。结合按我国规范设计钢筋混凝土框架结构的实际情况和抗连续倒塌设计目标，在大量分析研究的基础上，提出了对我国框架结构抗连续性倒塌的概念设计方法、拉结强度设计方法和拆除构件设计法，并给出了有关配筋构造措施。

梁书婷等在分析钢筋混凝土框架结构实际受力特征的基础上，从结构控制的角度出发，提出了允许框架柱下端出现塑性铰的新型延性框架结构方案。通过对延性框架与普通框架结构的非线性全过程分析、弹塑性动力分析和振动台模型对比试验，研究了其受力过程、动力特性、地震反应和破坏形态。结果表明，延性框架结构具有良好的延性和抗震性能。

王玉杰应用结构计算通用软件，对一平立面均不规则的 L 形框架结构进行分析计算。通过对斜交 L 形结构以及正交 L 形结构设抗震缝和不设抗震缝两种情况在不同抗震设防烈度下的计算分析，得到相应各种情况下结构构件内力。通过对比分析，对平立面均不规则的框架结构的抗震缝设置及结构内力计算等问题进行了探讨，为平立面均不规则建筑的结构设计提供参考。研究表明：非正交 L 形结构不设缝情况下扭转耦连的影响大于正交结构，在建筑设计中应尽量避免采用非正交 L 形结构形式；在不设缝结构中，由于扭转耦连的影响，使结构中各构件的内力发生变化。因此，对于平立面均不规则的结构，在抗震设计中必须进行扭转耦连计算；在地震力作用下，随着设防烈度的提高，内力成倍数增长，因此，在结构设计计算中，应特别注意抗震设防烈度，以及与之对应的结构抗震等级。

为研究刚度、质量非均匀偏心多层框架结构的扭转地震反应规律，韩军等设计了均匀和非均匀的质量、刚度偏心框架结构算例各一组，通过计算对比分析其扭转反应规律。结果表明，非均匀质量偏心结构在偏心率相同的情况下顶层偏心时反应最大，底层偏心反应最小；非均匀刚度偏心时规律相反；每层均匀偏心比某一层相同偏心率的偏心结构扭转反应更大；每层刚心、质心重合的具有偏置裙房的结构具有明显的扭转反应，相比各层刚心一致而底层具有相应质量偏心率的结构扭转反应大很多。

1.2.4 多层轻钢结构体系

钢材具有塑性好、韧性好、吸能能力和延性良好的特点。塑性好使结构在一般条件下不会因超载而突然断裂；韧性好使结构对动力荷载的适应性强；良好的吸能能力和延性还使钢结构具有优越的抗震性能。

多层轻钢结构已经有比较长的时间的发展，钢结构自重轻、承载力大、延性好、抗震能力强，多层住宅使用轻钢结构，其所受到的水平荷载又小，而且施工方便于工业化生产。但是轻钢结构有着自身的缺点，轻钢结构使用在多层结构中，钢材的自身材料优势难以发挥，多层住宅的特点就是柱网间距小，总建筑高度较低。这样很难发挥钢材的高受压和受拉能力，钢结构自身强度高、自重轻的材料性能优势也难以发挥。轻钢结构在多层结构中，经济指标很难达到，因为单位平方的含钢量过大，成本高，不符合我国当前国情，据统计，钢结构多层住宅的造价，高于普通的钢筋混凝土结构20%～30%；多层轻钢结构住宅容易出现隔墙空鼓和开裂，影响居住的舒适性，这是因为型钢与砌体之间的温度线膨胀系数差异较大，所以钢材与砌体之间的连接处，是产生温度裂缝造成外墙渗漏的多发部位。多层轻钢结构住宅的墙体中，大多采用轻型砌块，难以避免抹灰层的空鼓开裂，而且墙体隔声性能差；钢材自身的防火能力和耐腐蚀差，有资料显示，没有任何保护措施的普通钢材一旦遭遇腐蚀和火烧，15～20min便会软化，为了达到防火和耐腐蚀的目标，就需要在钢材表面做处理，并且后期需要经常维护，维修费用昂贵。

雷宏刚在其《多层轻钢结构住宅存在问题浅析》一文中指出，在绿色环保方面钢结构住宅具有省资源、增加使用面积、节能、节水、保护环境等优点。但是多层轻钢结构住宅存在技术瓶颈问题，不但要遵循住宅建筑设计的一般原则，还要特别注重如何发挥钢结构的优势，一方面，考虑钢梁跨度可增大、结构开间更灵活、尽量为住户创造更大的空间；一方面，还要考虑如何避免轻钢结构带来的平、立面单调呆板的问题；另一方面，还存在多层轻钢结构配套问题、实用性人才缺乏问题、轻钢结构稳定性差问题、制作、安装问题、防火规范问题、政策配套扶持问题。雷宏刚指出轻钢结构住宅前景广阔，但不解决好上述诸多问题，将会直接影响人们的居住心理和生活质量。因而，建议开展系统研究，待技术成熟之后再行试点推广，万不可只为了企业利益抢占市场，损害国家利益。

彭靖云、史三元针对多层轻钢结构住宅的结构体系，提出了结构体系的建立方法、分析了主要构件及节点设计原理和基本的技术要求。研究了轻钢结构住宅体系的设计以及推广意义。他们认为轻钢住宅有着很好的发展前途，然而以下问题有待解决：我国针对轻钢结构住宅的有关规范和标准还不够，还需要进一步完善；影响钢结构住宅发展的一个重要原因就是造价问题，因此还应深入研究一些优化设计措施来降低结构钢材的使用量，以进一步降低工程造价；人们对钢结构住宅的认识还有待提高，这也影响钢结构住宅的发展，因此，还应该设法提高居住者的认识。只有解决上述问题才能加快轻钢结构多层住宅的推广，进一步推进我国住宅产业的现代化。

李飙、陈水福为研究门式刚架轻钢结构的抗风安全性，采用风洞试验方法对我国东南沿海一轻钢厂房的表面风压进行了测试。将测得的2个最不利风向的风荷载以及按现行

《建筑结构荷载规范》GB 50009 和《轻钢轻混凝土结构技术规程》JGJ 383 计算的风荷载分别施加于厂房的不利刚架上，采用基于板壳单元的精细有限元方法对刚架进行极限承载力的非线性分析，获得了在不同工况下刚架的抗风安全系数和风致破坏形态。通过对刚架在不同风荷载取值下的风致安全性进行对比分析，结果显示：该刚架在现行《轻钢轻混凝土结构技术规程》JGJ 383 的风荷载以及由风洞试验得到的极端风荷载作用下的安全冗余度偏低；而直接按现行《建筑结构荷载规范》GB 50009 的风荷载（未含阵风系数）进行抗风设计可能会使承重刚架偏于不安全；通过一种简便的节点构造改进措施，可以明显提高刚架的风致安全性，并降低刚架对初始缺陷的敏感性。

1.2.5 异形柱轻框结构体系

钢筋混凝土 T 形截面边柱、L 形截面角柱及十字形截面中柱与梁板构成不露柱角的隐形框架承重结构，并采用轻质墙体作保温、隔热、节能的围护结构，由此构成异形柱轻框节能结构体系，少占建筑空间而相对增加了使用面积，可以减少基础的费用，总体经济效益较好。但异形柱轻框结构要求结构布置须均匀、对称、小柱网；轴压比要求严格，限制了房屋的层高；柱肢厚度薄，梁柱节点部位截面较窄，增加了施工难度；由于柱截面的特殊性，其抗剪性能比矩形柱下降较多，结构抗扭能力差，这些都限制了异形柱轻框结构体系的应用。

黄雅捷等针对上海市某实际工程，进行了三榀钢筋混凝土异形柱框架 1/2 比例模型拟静力试验，研究了这种结构在低周反复水平荷载作用下的受力特点、变形和耗能能力以及破坏机理等，分析比较了异形柱框架与填充墙异形柱框架以及填充墙异形柱框架与实心砖填充墙普通框架在抗震性能等方面的差别。通过试验与分析，主要得出以下结论：采用的异形柱框架及相应的填充墙框架的层间变形能力介于普通框架和剪力墙之间，既能承担较大的地震剪力，又有一定的延性，可以满足 7 度地震区的抗震设防要求；采用的混凝土空心砌块填充墙，是因砌块横向受拉受剪使其侧壁拉坏而达到极限承载力，为了提高这种填充墙的抗震性能，建议将矩形空心改为圆形或椭圆形空心，以减少应力集中；该异形柱框架无论是否带填充墙，均是梁端先出现塑性铰，最后在柱底形成塑性铰，是较为理想的梁铰破坏机构，具有一定的变形和耗能能力。

曹万林教授等在试验研究基础上，对提高钢筋混凝土异形柱框架结构抗震性能的若干措施进行了探讨，包括带暗柱异形柱的应用、底部矩形柱上部异形柱的应用以及限制轴压比的措施，提出了具体的抗震设计建议。

2002 年 11 月，《矩形柱与异形柱联合应用框架结构抗震研究及应用》通过鉴定，提出的新型框架结构，即底部矩形框架、上部异形柱框架结构联合应用的框架结构，适用于底部建造商店、上部建造住宅，解决了单一异形柱体系的局限性，使建筑功能与结构抗震完美结合，具有实用性和创造性；提出的钢筋混凝土带交叉钢筋的异形体、带暗柱的异形体，能显著地改善异形柱截面的抗震性能；对不同截面异形柱和新型框架结构进行了较系统的抗震性能试验研究及理论分析，建立了结构及异形柱的抗震分析力学模型，为设计计算奠定了理论基础。

1.2.6 墙梁柱复合结构体系

清华大学时旭东教授在分析框架结构和砌体结构特点的基础上，结合二者的优点，提出了一种新型的结构受力体系——墙梁柱复合结构体系。墙梁柱复合结构体系将框架的梁柱弱化，提高墙体的承载力；将砌体结构的构造柱和水平圈梁强化的同时弱化墙体的承载力；最后使墙、梁、柱均参与受力，充分利用结构各个构件的承载能力。这种受力体系的墙体不是采用砌块砌筑，而是采用环保节能轻型复合墙板，墙板分为两类：竖向承重墙板称钢筋型墙板，同时承受水平和竖向力的墙板称型钢型墙板。与实心黏土砖墙相比较，新型复合墙板承受轴心荷载的能力相当于 3.1 倍厚砖墙，承受偏心荷载的能力大大高于后者；承受水平荷载的能力也高于后者，轴压比较小时尤为显著；新型复合墙板构成墙体的自重大大低于具有相同承载力的黏土实心砖墙体，并减少了原材料的消耗量，提高了保温隔热能力，达到了环保节能的目的。

1.3 单排配筋混凝土剪力墙研究进展

较早单层钢筋剪力墙的试验研究是 1951 年～1957 年之间在斯坦福大学进行的带边框柱的单层素混凝土及钢筋混凝土剪力墙板强度和性能的试验研究。研究人员认为：对剪力墙总体性能的研究可通过对单调加载下墙的荷载-位移曲线及其影响因素的研究来实现。结果表明：腹板厚度仅对开裂荷载和刚度有影响；墙板宽高比 L/H（高宽比的倒数）对荷载-位移曲线有很大影响，随着 L/H 的增大，开裂荷载与极限荷载之间或荷载-位移曲线第一个折点与最高点之间的距离减小；腹板配筋量对开裂后墙板的性能有很大的影响，随着水平和竖向腹板配筋量的增大，在达到极限荷载之前裂缝的数量增加，裂缝宽度减小；对荷载-位移曲线，水平和竖向分布筋是最为有利的；增加的角部钢筋不能改善墙板的性能。

北京工业大学曹万林课题组对单排配筋剪力墙做了比较系统的研究：

（1）进行了 8 个剪跨比为 1.5 的一字形截面剪力墙的抗震性能试验研究，其中包括：1 个普通双向双排配筋混凝土中高剪力墙、5 个双向单排配筋混凝土中高剪力墙、1 个带"X"形暗支撑双向单排配筋混凝土中高剪力墙、1 个带端部约束的配筋砖砌体剪力墙。对各不同设计参数剪力墙的承载力、延性、刚度及其衰减过程、滞回特性、耗能能力和破坏特征等进行了较系统的分析，揭示了其工作机理。

（2）进行了 8 个剪跨比为 1.0 的剪力墙抗震性能试验研究，包括：7 个为不同设计参数的配筋混凝土低矮剪力墙，1 个为约束配筋页岩砖砌体剪力墙。在 7 个配筋混凝土低矮剪力墙中，6 个为双向单排配筋混凝土剪力墙，并在其中 1 个试件中设置暗支撑，另 1 个为普通的双向双排配筋混凝土剪力墙。在低周反复荷载试验中，重点分析了配筋形式以及其配筋率、边缘构件形式、暗支撑等因素对其抗震性能的影响。

（3）进行了 8 个高剪力墙的抗震性能试验研究，包括：1 个配筋率为 0.25% 的普通高剪力墙；1 个配筋率为 0.25% 的双向单排配筋高剪力墙；1 个配筋率为 0.15% 的双向单排配筋高剪力墙；1 个在墙体中加设"X"形暗支撑配筋（暗支撑钢筋量与总钢筋量的比值为 0.36），配筋率为 0.15% 的双向单排配筋高剪力墙；1 个无边缘构件仅在边缘配置 1 根 $\phi16$ 钢筋，配筋率为 0.15% 的双向单排配筋高剪力墙；1 个边缘构件采用 2 根 $\phi12$ 钢筋，配筋率为 0.15% 的双向单排配筋高剪力墙；1 个边缘构件采用 2 根 $\phi10$ 和 1 根 $\phi8$ 的钢筋，配筋率为 0.15% 的双向单排配筋高剪力墙；1 个采用端部约束的配筋砖砌体剪力墙。通过试验，对比分析了不同配筋率的一字形截面剪力墙的抗震性能，分析了各种配筋率的剪力墙的承载力、延性、刚度及其衰减过程、滞回特性、耗能能力和破坏特征等。

（4）进行了 2 个 1/2 缩尺的双向单排配筋混凝土 L 形剪力墙模型抗震性能试验研究，分别沿工程轴向和非工程轴向加载；2 个 1/2 缩尺的双向单排配筋混凝土 Z 形剪力墙模型抗震性能试验研究，分别沿腹板方向和翼缘方向加载；2 个 1/2 缩尺的双向单排配筋混凝土 T 形剪力墙模型抗震性能试验研究，分别沿腹板方向和翼缘方向加载，分析了各剪力墙的承载力、刚度及其衰减过程、延性、滞回特性、耗能能力和破坏特征等。

研究表明，单排配筋混凝土剪力墙可以满足多层住宅结构抗震设计要求。但对于配筋率较低的单排配筋混凝土低剪力墙，在水平反复荷载下，存在底部剪切滑移现象，降低了其抗震耗能效果，为解决此问题，本书建议在剪力墙中布置斜筋，并开展相关剪力墙的抗震性能试验研究。

1.4　本书研究内容

（1）进行了 5 个剪跨比为 1.0、不同轴压比的单排配筋混凝土矩形截面剪力墙低周反复荷载试验，包括：2 个带斜筋的双向单排配筋混凝土低矮剪力墙，2 个用于对比的普通双向单排配筋混凝土低矮剪力墙，1 个约束配筋页岩砖砌体低矮剪力墙。对比分析了各试件的承载力、延性、刚度、滞回特性、耗能能力及破坏特征，揭示了损伤演化过程与屈服机制。

（2）进行了 5 个剪跨比为 1.5 的单排配筋混凝土 Z 形截面剪力墙低周反复荷载试验，包括：2 个带斜筋的双向单排配筋混凝土剪力墙，2 个用于对比的普通双向单排配筋混凝土剪力墙，分别沿其腹板方向或翼缘方向施加水平荷载。1 个约束配筋页岩砖砌体中高剪力墙。对比分析了各试件的承载力、延性、刚度、滞回特性、耗能能力及破坏特征，得到了试件抗震性能随加载方向变化的规律。

（3）进行了 4 个剪跨比为 1.5 的 T 形截面单排配筋混凝土剪力墙低周反复荷载试验，水平荷载分别沿腹板方向、翼缘方向施加，包括：2 个带交叉钢筋的双向单排配筋混凝土剪力墙，2 个普通双向单排配筋混凝土剪力墙。对比分析了各试件的承载力、延性、刚度、滞回特性、耗能能力及破坏特征，揭示了损伤演化过程与屈服机制。

（4）进行了 4 个剪跨比为 1.5 的 L 形截面单排配筋混凝土剪力墙低周反复荷载试验，水平荷载分别沿工程轴方向、与工程轴成 45°方向施加。包括：2 个带交叉钢筋的双向单排配筋混凝土剪力墙，2 个普通双向单排配筋混凝土剪力墙。对比分析了各试件的承载力、延性、刚度、滞回特性、耗能能力及破坏特征，得到了试件抗震性能随加载方向变化的规律。

（5）在试验研究与分析基础上，建立了单排配筋混凝土剪力墙的承载力简化计算模型与公式；建立了 ABAQUS 有限元分析模型，并对试件进行了受力-变形全过程数值模拟分析，在使用试验数据校验模型基础上，变化不同设计参数，较系统地分析其对剪力墙抗震性能的影响。

（6）给出了带斜筋双向单排配筋混凝土剪力墙的抗震构造措施，提出了该新型剪力墙结构的抗震设计建议。

剪力墙抗震试验概况

2.1 试件设计

试验共设计了 18 个剪力墙试件，其中 6 个为矩形截面剪力墙，4 个为 Z 形截面剪力墙，4 个为 T 形截面剪力墙，4 个为 L 形截面剪力墙。试件的主要设计参数见表 2-1，详细配筋图见图 2-1～图 2-16。

试件设计参数 表 2-1

试件编号	配筋形式	混凝土强度等级	轴压比	斜筋配筋率(%)	分布钢筋配筋率(%)	高宽比	水平及纵向分布筋	边缘构造	加载方向
SWI-1	普通单排	C20	0.2	0	0.25%	1.0	$\phi6@80$	$3\phi8$	—
SWIX-1	带斜筋单排	C20	0.2	0.1%	0.15%	1.0	$\phi6@80$	$3\phi8$	—
SWI-2	普通单排	C40	0.1	0	0.25%	1.0	$\phi6@80$	$3\phi8$	—
SWIX-2	带斜筋单排	C40	0.1	0.1%	0.15%	1.0	$\phi6@80$	$3\phi8$	—
BW	—	—	—	—	—	1.0	—	竖向钢筋 $2\phi8$,设有拉结钢筋	—
SWZ-1	普通单排	C20	0.2	0	0.25%	1.5	$\phi6@80$	$3\phi8$&$4\phi8$	腹板方向
SWZX-1	带斜筋单排	C20	0.2	0.1%	0.15%	1.5	$\phi6@80$	$3\phi8$&$4\phi8$	腹板方向
SWZ-2	普通单排	C20	0.2	0	0.25%	1.5	$\phi6@80$	$3\phi8$&$4\phi8$	翼缘方向
SWZX-2	带斜筋单排	C20	0.2	0.1%	0.15%	1.5	$\phi6@80$	$3\phi8$&$4\phi8$	翼缘方向
SW	—	—	—	—	—	1.5	—	$2\phi8$	—
SWT-1	普通单排	C20	0.2	0	0.25%	1.5	$\phi6@80$	$3\phi8$&$4\phi8$	腹板方向

试件编号	配筋形式	混凝土强度等级	轴压比	斜筋配筋率(%)	分布钢筋配筋率(%)	高宽比	水平及纵向分布筋	边缘构造	加载方向
SWTX-1	带斜筋单排	C20	0.2	0.1%	0.15%	1.5	$\phi6@80$	$3\phi8\&4\phi8$	腹板方向
SWT-2	普通单排	C20	0.2	0	0.25%	1.5	$\phi6@80$	$3\phi8\&4\phi8$	翼缘方向
SWTX-2	带斜筋单排	C20	0.2	0.1%	0.15%	1.5	$\phi6@80$	$3\phi8\&4\phi8$	翼缘方向
SWL-1	普通单排	C20	0.2	0	0.25%	1.5	$\phi6@80$	$3\phi8\&4\phi8$	工程轴方向
SWLX-1	带斜筋单排	C20	0.2	0.1%	0.15%	1.5	$\phi6@80$	$3\phi8\&4\phi8$	工程轴方向
SWL-2	普通单排	C20	0.2	0	0.25%	1.5	$\phi6@80$	$3\phi8\&4\phi8$	非工程轴方向
SWLX-2	带斜筋单排	C20	0.2	0.1%	0.15%	1.5	$\phi6@80$	$3\phi8\&4\phi8$	非工程轴方向

4 个矩形截面剪力墙,其墙体宽度为 1000mm、高度为 850mm、厚度为 140mm;试件分别编号为 SWI-1、SWIX-1、SWI-2、SWIX-2 和 BW,其中 SWI-1 和 SWIX-1 是混凝土强度设计等级为 C20 的单排配筋混凝土低矮剪力墙,其墙体配筋率均为 0.25%,两者不同之处在于,SWI-1 为普通双向单排配筋混凝土剪力墙,SWIX-1 为带斜筋的单排配筋混凝土剪力墙,其斜向钢筋配筋率为 0.1%,纵向及水平分布钢筋的配筋率为 0.15%。

SWI-2 和 SWIX-2 是混凝土强度设计等级为 C40 的单排配筋混凝土低矮剪力墙,SWI-2 的配筋与 SWI-1 相同,为普通双向单排配筋混凝土剪力墙,详细配筋如图 2-1 所示,SWIX-2 的配筋与 SWIX-1 相同,为带斜筋单排配筋混凝土剪力墙,详细配筋如图 2-2 所示。

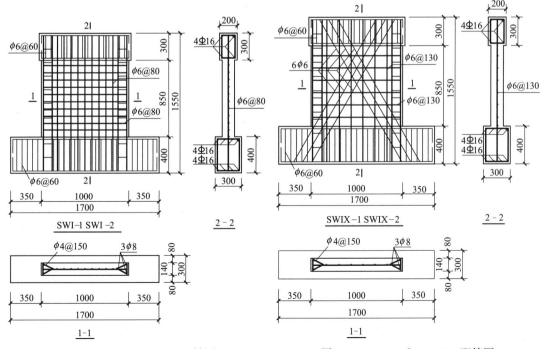

图 2-1 SWI-1 和 SWI-2 配筋图   图 2-2 SWIX-1 和 SWIX-2 配筋图

1 个为约束配筋页岩砖砌体剪力墙 BW，墙体配筋为 $2\phi6/5$ 皮，砌体墙宽度为 1000mm、厚度为 240mm，砌块采用页岩砖，详细配筋如图 2-3 所示。

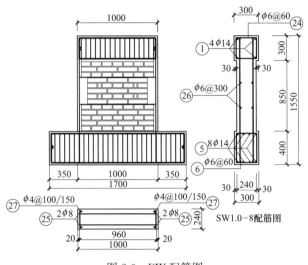

图 2-3　BW 配筋图

1 个为约束配筋页岩砖砌体中高剪力墙 SW，边缘构造采用两根 $2\phi8$，形成 5cm 左右的钢筋混凝土端部约束。水平筋每隔 5 皮砖设置 $2\phi6$ 拉结钢筋即 $2\phi6@300$，详细配筋如图 2-4 所示。

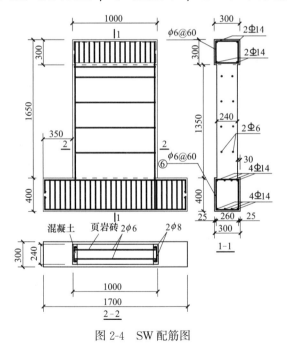

图 2-4　SW 配筋图

4 个 Z 形截面剪力墙，其墙体宽度为 1000mm、高度为 1350mm、厚度为 140mm；试件分别编号为 SWZ-1、SWZX-1、SWZ-2 和 SWZX-2，其中 SWZ-1 和 SWZX-1 是混凝土强度设计等级为 C20 的单排配筋混凝土 Z 形截面剪力墙且加载方向沿腹板方向，其墙体配筋率均为 0.25%，两者不同之处在于，SWZ-1 为普通双向单排配筋混凝土 Z 形截面剪力墙，SWZX-1 为带斜筋的单排配筋混凝土 Z 形截面剪力墙，其斜向钢筋配筋率为 0.1%，纵向及水平分布钢筋的配筋率为 0.15%，详细配筋如图 2-5 和图 2-6 所示。

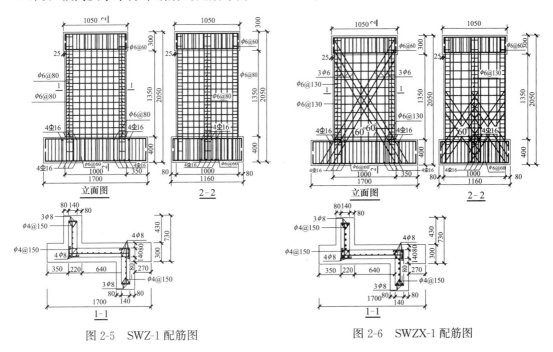

图 2-5　SWZ-1 配筋图　　　　　　　图 2-6　SWZX-1 配筋图

SWZ-2 和 SWZX-2 是混凝土强度设计等级为 C20 的单排配筋混凝土 Z 形剪力墙且加载方向沿翼缘方向，SWZ-2 和 SWZX-2 的配筋分别与 SWZ-1 和 SWZX-1 相同，不同之处在于其加载方向沿翼缘方向，详细配筋见图 2-7、图 2-8。

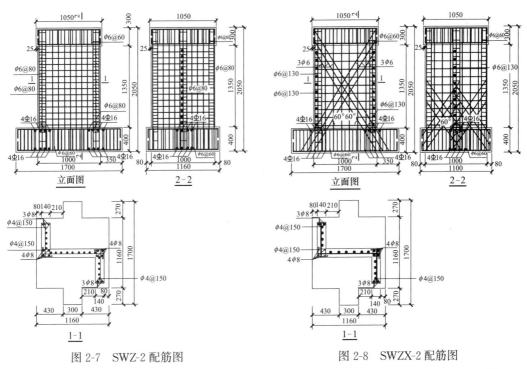

图 2-7　SWZ-2 配筋图　　　　　　　图 2-8　SWZX-2 配筋图

4个T形截面剪力墙,其墙体宽度为1000mm、高度为1350mm、厚度为140mm;试件分别编号为SWT-1、SWTX-1、SWT-2和SWTX-2,其中SWT-1和SWTX-1是混凝土强度设计等级为C20的单排配筋混凝土T形截面剪力墙且加载方向沿腹板方向,其墙体配筋率均为0.25%,两者不同之处在于,SWT-1为普通双向单排配筋混凝土T形截面剪力墙,SWTX-1为带斜筋的单排配筋混凝土T形截面剪力墙,其斜向钢筋配筋率为0.1%,纵向及水平分布钢筋的配筋率为0.15%,详细配筋如图2-9和图2-10所示。

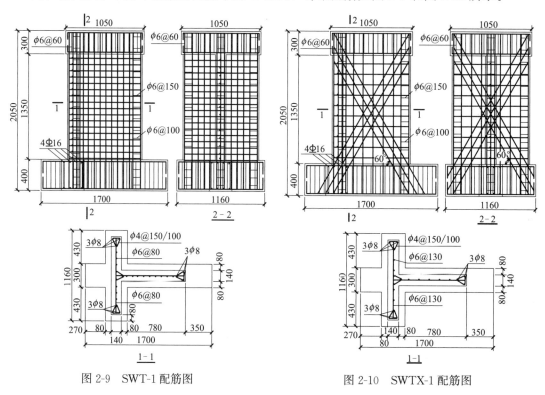

图2-9　SWT-1配筋图　　　　　　　图2-10　SWTX-1配筋图

SWT-2和SWTX-2是混凝土强度设计等级为C20的单排配筋混凝土T形剪力墙且加载方向沿翼缘方向,SWT-2和SWTX-2的配筋分别与SWT-1和SWTX-1相同,其不同之处在于其加载方向沿翼缘方向,详细配筋见图2-11、图2-12。

4个L形截面剪力墙,其墙体宽度为1000mm、高度为1350mm、厚度为140mm;试件分别编号为SWL-1、SWLX-1、SWL-2和SWLX-2,其中SWL-1和SWLX-1是混凝土强度设计等级为C20的单排配筋混凝土L形截面剪力墙且加载方向沿腹板方向,其墙体配筋率均为0.25%,两者不同之处在于,SWL-1为普通双向单排配筋混凝土L形截面剪力墙,SWLX-1为带斜筋的单排配筋混凝土L形截面剪力墙,其斜向钢筋配筋率为0.1%,纵向及水平分布钢筋的配筋率为0.15%,详细配筋如图2-13和图2-14所示。

SWL-2和SWLX-2是混凝土强度设计等级为C20的单排配筋混凝土Z形剪力墙且加载方向沿翼缘方向,SWL-2和SWLX-2的配筋分别与SWL-1和SWLX-1相同,不同之处在于其加载方向沿翼缘方向,详细配筋见图2-15、图2-16。

矩形截面低矮剪力墙两端边缘构件为三角形暗柱形式,Z形、T形、L形截面剪力墙腹板与翼缘交接处的边缘构件采用矩形暗柱形式,翼缘自由端边缘构件采用三角形暗柱形式，暗柱箍筋在墙体底部 1/3 范围内加密，为 $\phi4@100$，其上部 2/3 范围变为 $\phi4@150$，斜筋与水平分布筋的夹角为 $60°$，在墙肢内成 X 形布置。

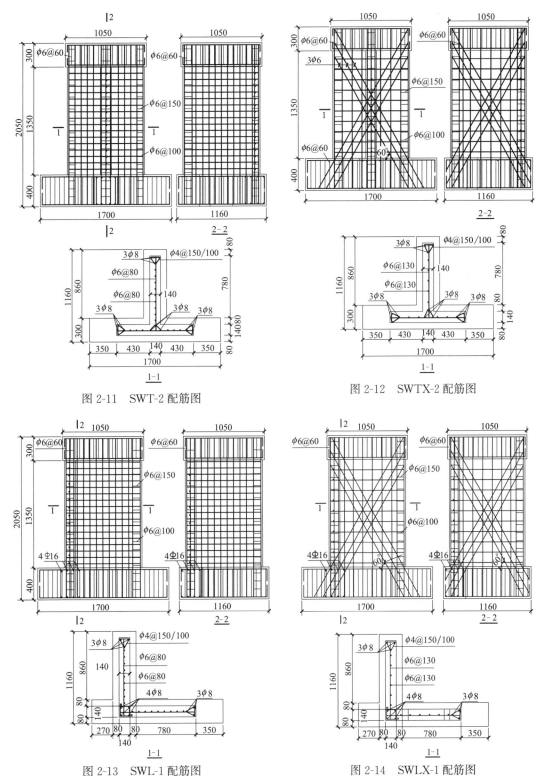

图 2-11　SWT-2 配筋图

图 2-12　SWTX-2 配筋图

图 2-13　SWL-1 配筋图

图 2-14　SWLX-1 配筋图

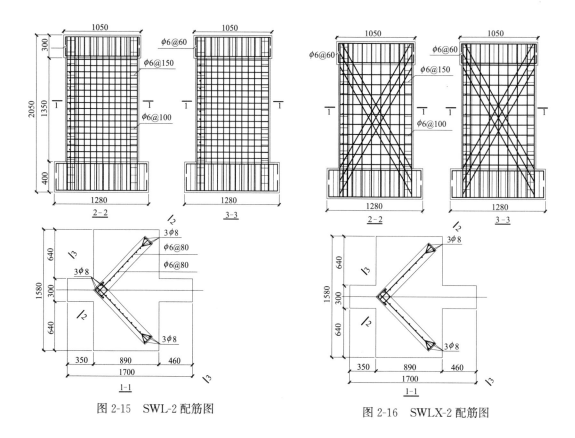

图 2-15　SWL-2 配筋图　　　　　　图 2-16　SWLX-2 配筋图

2.2　材料性能

　　试件采用商品混凝土浇筑，其材料力学性能见表 2-2，钢筋实测力学性能见表 2-3。试件模型在实验室外制作，先浇基础后浇墙体与加载梁而成，同时预留混凝土试块；试件及试块在同等条件下自然养护，C20 混凝土的实测立方体抗压强度为 22.76MPa，弹性模量为 $2.57×10^4$ MPa。C40 混凝土的实测立方体抗压强度为 45.30MPa，弹性模量为 $3.28×10^4$ MPa。制作过程部分照片见图 2-17。

混凝土材料力学性能　　　　　　　　　　　　　　　　　表 2-2

混凝土等级	弹性模量（MPa）	立方体抗压强度（MPa）
C20	$2.57×10^4$	22.76
C40	$3.28×10^4$	45.30

钢筋的力学性能　　　　　　　　　　　　　　　　　　表 2-3

钢筋规格	屈服强度 （N·mm^{-2}）	极限强度 （N·mm^{-2}）	伸长率 （%）	弹性模量 （N·mm^{-2}）
$\phi 4$	290	431	35.1	$2.07×10^5$
$\phi 6$	428	462	11.3	$2.01×10^5$
$\phi 8$	425	472	17.3	$2.00×10^5$
$\phi 16$	381	475	26.4	$1.93×10^5$

图 2-17　模型制作

（a）基础钢筋绑扎；（b）基础支模；（c）基础成型；（d）墙体钢筋绑扎；（e）墙体支模；（f）墙体成型

2.3　试验加载方式及测点布置

2.3.1　加载方式

　　首先在试件顶部施加 427kN 的竖向荷载，并在试验过程中保持其不变。低矮剪力墙在距试件基础顶面 1000mm 高度处施加水平低周反复荷载，中高剪力墙在距试件基础顶面 1500mm 高度处施加水平低周反复荷载，并在与水平荷载相同高度处布置位移传感器，试验加载装置见图 2-18，加载现场部分照片见图 2-19。

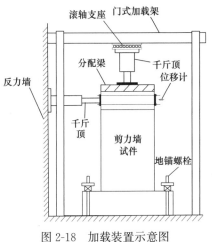

图 2-18　加载装置示意图

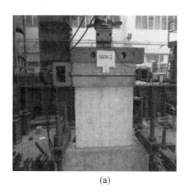

(a)   (b)   (c)

图 2-19 加载现场

（a）矩形墙；（b）Z 形墙腹板方向；（c）Z 形墙翼缘方向

2.3.2 加载控制

试验分为两个阶段进行：第一阶段为弹性阶段，采用荷载和位移联合控制加载的方法；第二阶段为弹塑性阶段，采用位移控制加载的方法。

2.3.3 测试内容及测点布置

（1）力和位移。竖向千斤顶和水平千斤顶端部设有力传感器；加载梁中部布置位移传感器，基础上布置监测水平滑移的电子百分表，以上数据均采用 IMP 数据采集系统自动采集。

（2）应变。测量的应变主要有：边缘构造纵向钢筋应变（ZZ）、剪力墙纵向分布钢筋应变（FBZ），剪力墙水平分布钢筋应变（FBH），斜向钢筋应变（X）。应变测点布置图见图 2-20。

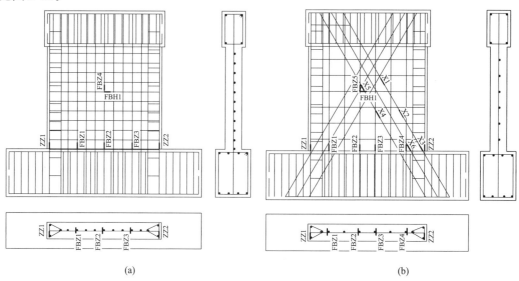

(a)   (b)

图 2-20 应变片布置图（一）

（a）SWI-1 和 SWI-2 的应变测点布置；（b）SWIX-1 和 SWIX-2 的应变测点布置

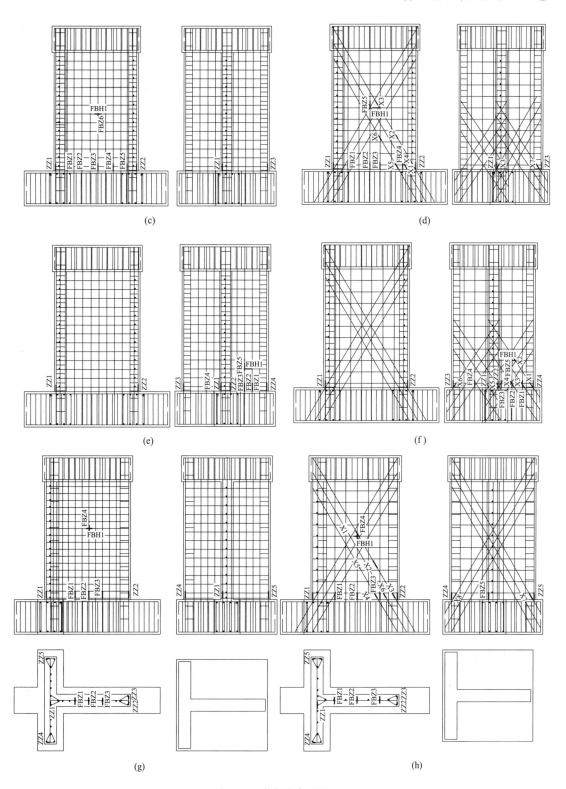

图 2-20　应变片布置图（二）

（c）SWZ-1 的应变测点布置；（d）SWZX-1 的应变测点布置；（e）SWZ-2 的应变测点布置；

（f）SWZX-2 的应变测点布置；（g）SWT-1 的应变测点布置；（h）SWTX-1 的应变测点布置

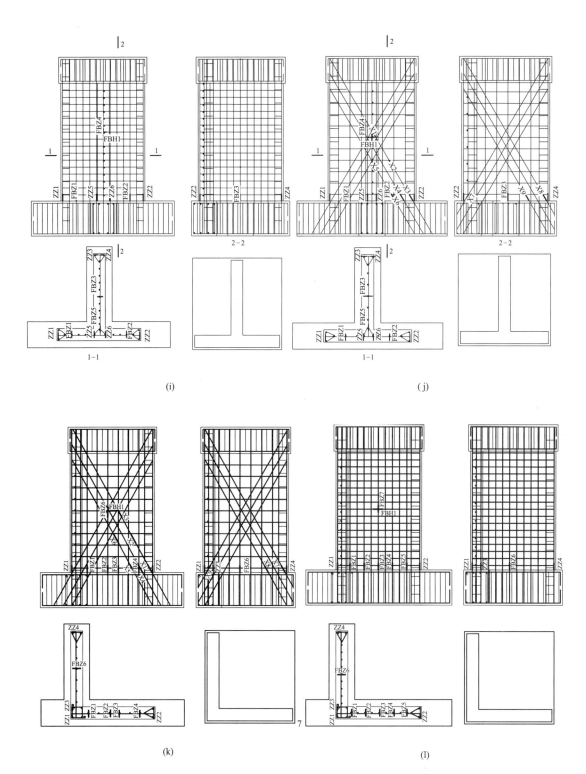

图 2-20 应变片布置图（三）

(i) SWT-2 的应变测点布置；(j) SWTX-2 的应变测点布置；
(k) SWL-1 的应变测点布置；(l) SWLX-1 的应变测点布置

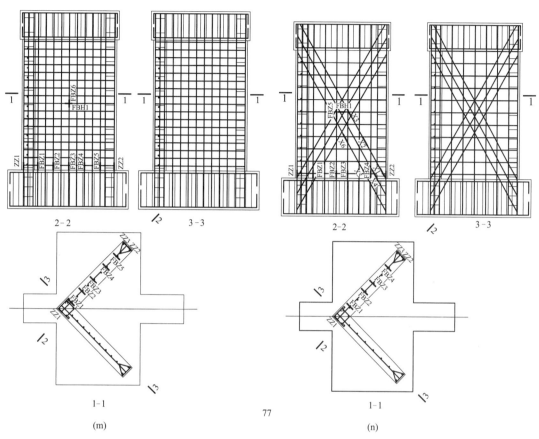

图 2-20　应变片布置图（四）

（m）SWL-1 的应变测点布置；（n）SWLX-1 的应变测点布置

2.3.4　裂缝的观察

在加载过程中，随时记录下裂缝的发生、发展情况及裂缝宽度，同时用铅笔在旁边绘出裂缝形状，并注明正负加载的循环数及其相应的水平荷载值。

2.4　本章小结

本章介绍了试验模型的设计和制作，给出了试件配筋图和测点布置图，介绍了试验的加载装置、加载方案、测点布置与数据采集方式以及量测的主要内容，实测了混凝土和钢筋的力学性能。

矩形截面低矮剪力墙抗震性能试验及分析

3.1 屈服荷载和极限位移的确定

3.1.1 屈服荷载的确定

一般情况下，当试验所得骨架曲线上有明显的拐点时，可以直接以骨架曲线上的坐标得到结构的屈服荷载。

当试验所得骨架曲线上没有明显的拐点时，可以用近似判断的方法确定其屈服荷载。判断屈服荷载的方法有：①屈服弯矩法；②破坏荷载法；③能量等值法。这 3 种判断方法都是基于非线性计算的需要，即通过确定屈服荷载，将骨架曲线划分为分段折线，从而简化非线性计算。

对于各个剪力墙试件，如果能测到剪力墙最外侧纵筋达到屈服时的荷载点，其荷载点就确定为屈服荷载；对于不能准确测到钢筋屈服时的荷载点时，采用能量等值法确定屈服荷载。

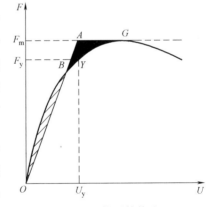

图 3-1 能量等值法

能量等值法：作折线 OA-G 代替原来的骨架曲线，条件是图示两个阴影图形的面积相等，能量等值法如图 3-1 所示。

能量等值法确定屈服荷载方法如下，见图 3-1：找出特征点 A，即满足折线 OA-G 分割的图中两填充部分的面积相等，从 A 点作水平轴的垂线交骨架曲线于 Y 点，此点纵坐标即为试件屈服荷载。

3.1.2 极限位移的确定

本书中，取骨架曲线上荷载下降到最大荷载的 0.85 倍时对应点的位移作为极限位移；

若骨架曲线上荷载没有下降到最大荷载 0.85 倍时，取骨架曲线上的最终破坏点对应的位移为极限位移；最大弹塑性位移取正向、负向极限位移的平均值。

3.2　试验结果与分析

3.2.1　承载力

试件实测特征荷载列于表 3-1。其中：F_c 为混凝土剪力墙首次加载到开裂时的开裂荷载，F_y 为正负两向明显屈服荷载均值，F_u 为正负两向极限荷载均值。

表 3-1

各试件实测特征荷载

试件编号	F_c(kN)		F_y(kN)		F_u(kN)		F_y/F_u
	实测值	相对值	实测值	相对值	实测值	相对值	
SWI-1	86.87	1.000	237.03	1.000	314.78	1.000	0.75
SWIX-1	97.98	1.128	244.41	1.031	330.15	1.049	0.74
SWI-2	97.01	1.117	248.23	1.047	320.03	1.017	0.78
SWIX-2	116.53	1.341	261.20	1.102	331.45	1.053	0.79
BW	101.25	1.116	135.58	0.572	163.80	0.520	0.83

从表 3-1 中可知：

（1）试件 SWIX-1 与 SWI-1 相比，开裂荷载、屈服荷载、极限荷载分别提高了 12.8%、3.1%、4.9%；试件 SWIX-2 与 SWI-2 相比，开裂荷载、屈服荷载、极限荷载分别提高了 20.1%、5.2%、3.6%。这表明：对于单排配筋的普通强度混凝土低矮剪力墙，在相同配筋量的情况下，带斜筋剪力墙的开裂荷载明显提高，屈服荷载和极限荷载有所提高。

（2）试件 SWI-2 与 SWI-1 相比，开裂荷载、屈服荷载、极限荷载分别提高了 11.7%、4.7%、1.7%；试件 SWIX-2 与 SWIX-1 相比，开裂荷载、屈服荷载、极限荷载分别提高了 18.9%、6.9%、0.4%。这表明：在配筋相同情况下，提高混凝土强度等级，能明显提高单排配筋低矮剪力墙的开裂荷载，能一定程度地提高其屈服荷载，但对其极限荷载的提高作用不大。

（3）单排配筋低矮剪力墙与墙厚为 240mm 的约束配筋页岩砖砌体墙 BW 相比，单排配筋混凝土剪力墙的承载力显著提高。

3.2.2　延性

试件的开裂、屈服和最大位移实测值列于表 3-2。其中：U_c 为与 F_c 相对应的开裂位移；U_y 为与 F_y 相对应的屈服位移；U_d 为荷载下降至极限荷载的 85% 时对应的最大位移，θ_d 为弹塑性最大位移角；延性系数 $\mu = U_d/U_y$。开裂位移 U_c 为与开裂水平荷载 F_c 对应的位移、U_y 和 U_d 均取正负两向位移均值。

由表 3-2 可见：

（1）SWIX-1 与 SWI-1 相比，其弹塑性最大位移角增大，延性系数提高了 7.9%；SWIX-2 与 SWI-2 相比，其弹塑性最大位移角增大，延性系数提高了 4.6%。表明斜筋能提高单排配筋混凝土低矮剪力墙的延性。

各试件实测所得特征位移　　　　　　　　　表 3-2

试件编号	U_c(mm)	U_y(mm)	U_d(mm)	θ_d(rad)	μ	μ 相对值
SWI-1	0.58	4.18	22.21	1/45	5.31	1.000
SWIX-1	0.62	4.27	24.45	1/41	5.73	1.079
SWI-2	0.59	4.23	22.75	1/44	5.38	1.013
SWIX-2	0.64	4.34	24.44	1/41	5.63	1.060
BW	0.72	2.89	9.35	1/107	3.23	0.608

（2）SWI-1 与 SWI-2 相比，SWIX-1 与 SWIX-2 相比，其弹塑性最大位移角和延性系数均相近，说明混凝土强度等级变化对单排配筋剪力墙的延性影响不大。

（3）与砖砌体墙 BW 相比，单排配筋混凝土低矮剪力墙的弹塑性最大位移角和延性系数都显著高，可见其延性性能明显优于约束配筋页岩砖砌体低矮剪力墙。

3.2.3 刚度

试件实测所得的刚度及其退化系数列于表 3-3。表中：K_o 为各试件的初始弹性刚度；K_c 为各试件的开裂刚度；K_y 为各试件正负两向明显屈服刚度的均值；β_{co} 为各试件的开裂刚度 K_c 与初始弹性刚度 K_o 的比值，即试件从初始到开裂的刚度退化系数；β_{yc} 为各试件的开裂刚度 K_c 与屈服刚度 K_y 的比值，即试件从开裂到屈服的刚度退化系数；β_{yo} 为各试件的屈服刚度 K_y 与初始弹性刚度 K_o 的比值，即试件从初始到屈服的刚度退化系数。实测所得各试件的"刚度 K-位移角 θ"关系曲线见图 3-2。

刚度实测值及其退化系数　　　　　　　　　表 3-3

试件编号	K_o(kN/mm)	K_o 相对值	K_c(kN/mm)	K_y(kN/mm)	β_{co}	β_{yc}	β_{yo}
SWI-1	545.12	1.000	149.78	56.71	0.275	0.379	0.104
SWIX-1	550.33	1.010	158.03	57.24	0.287	0.363	0.104
SWI-2	696.89	1.278	164.42	58.68	0.236	0.357	0.084
SWIX-2	703.56	1.291	182.08	60.18	0.259	0.331	0.086
BW	426.29	0.782	140.63	46.91	0.330	0.334	0.110

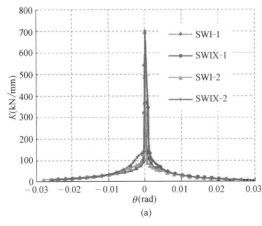
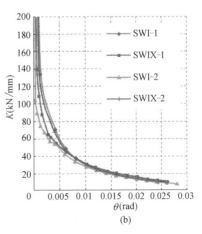

图 3-2　"K-θ"关系曲线

（a）各试件"K-θ"关系曲线；（b）各试件"K-θ"关系曲线局部放大

由表 3-3 和图 3-2 可见：

（1）混凝土强度等级相同的 2 个剪力墙，其初始刚度基本相同；C40 混凝土剪力墙的初始刚度比 C20 混凝土剪力墙提高了约 28%。说明混凝土强度对剪力墙的初始刚度影响明显，而配筋形式对混凝土剪力墙的初始刚度影响很小。

（2）C20 混凝土剪力墙的刚度衰减比 C40 混凝土剪力墙略慢，在相同混凝土强度等级下，带斜筋单排配筋剪力墙开裂刚度的衰减比普通单排配筋剪力墙略小，说明斜筋和混凝土强度能一定程度地影响剪力墙的刚度退化速度。

（3）与砖砌体低矮剪力墙 BW 相比，单排配筋混凝土低矮剪力墙在各阶段的刚度明显较大。

3.2.4　滞回曲线与耗能

滞回曲线综合反映剪力墙的刚度、强度、变形和耗能能力，滞回环所包含的面积反映构件弹塑性耗能的大小，滞回环越饱满，构件的耗能能力越好。4 个混凝土剪力墙实测耗能比较见表 3-4，其中，h_e 为使用极限荷载点所在滞回环计算所得的等效黏滞阻尼系数，$h_e = \dfrac{1}{2\pi} \cdot \dfrac{S_{ABCD}}{S_{OBE} + S_{ODF}}$，$S$ 为图 3-3 中所示几何图形面积；E_p 为试件荷载下降至其极限荷载 85% 以前的各滞回环面积累积之和，作为比较用的耗能量。各试件实测"水平荷载 F-位移 U"滞回曲线见图 3-4。

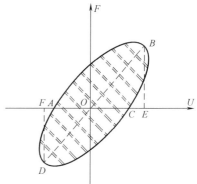

图 3-3　耗能系数计算图

实测所得各试件耗能值							表 3-4
试件编号	h_e	$E_p(\mathrm{kN \cdot mm})$	E_p 相对值	试件编号	h_e	$E_p(\mathrm{kN \cdot mm})$	E_p 相对值
SWI-1	0.138	33028	1.000	SWI-2	0.151	43205	1.308
SWIX-1	0.144	40237	1.218	SWIX-2	0.167	54879	1.662

图 3-5 为加载至各个滞回环时试件的耗能比较曲线，其横坐标表示此滞回环加载到的正负位移角均值时的位移角，纵坐标表示在此滞回环之前的累积耗能值。表 3-5 是耗能比较曲线数据。

耗能比较曲线的数据							表 3-5
SWI-1		SWIX-1		SWI-2		SWIX-2	
$\theta(\mathrm{rad})$	$E_p(\mathrm{kN \cdot m})$	$\theta(\mathrm{rad})$	$E_p(\mathrm{kN \cdot m})$	$\theta(\mathrm{rad})$	$E_p(\mathrm{kN \cdot m})$	$\theta(\mathrm{rad})$	$E_p(\mathrm{kN \cdot m})$
0.0003	0.023	0.0002	0.032	0.0003	0.034	0.0002	0.042
0.0006	0.059	0.0006	0.088	0.0007	0.097	0.0006	0.108
0.00075	0.116	0.00085	0.159	0.00085	0.181	0.00075	0.203
0.001	0.208	0.0015	0.251	0.0011	0.293	0.001	0.366
0.0014	0.357	0.0023	0.414	0.0022	0.496	0.002	0.613
0.0022	0.656	0.003	0.818	0.0032	0.897	0.003	1.089
0.0055	1.576	0.005	1.929	0.0055	2.191	0.005	2.619
0.008	3.086	0.0075	3.760	0.008	4.057	0.0082	5.128
0.01	5.525	0.0105	6.879	0.01	6.889	0.0103	8.725
0.0125	9.255	0.0123	11.275	0.0125	12.107	0.0125	17.378
0.0141	11.878	0.0143	13.454	0.0139	14.411	0.014	20.814
0.0155	14.778	0.016	17.504	0.0158	19.332	0.016	24.555
0.018	20.755	0.0185	25.285	0.0175	26.251	0.0183	34.487
0.02	26.861	0.0205	31.793	0.0195	34.137	0.0201	43.631
0.022	33.028	0.0228	40.237	0.0227	43.205	0.0229	54.879

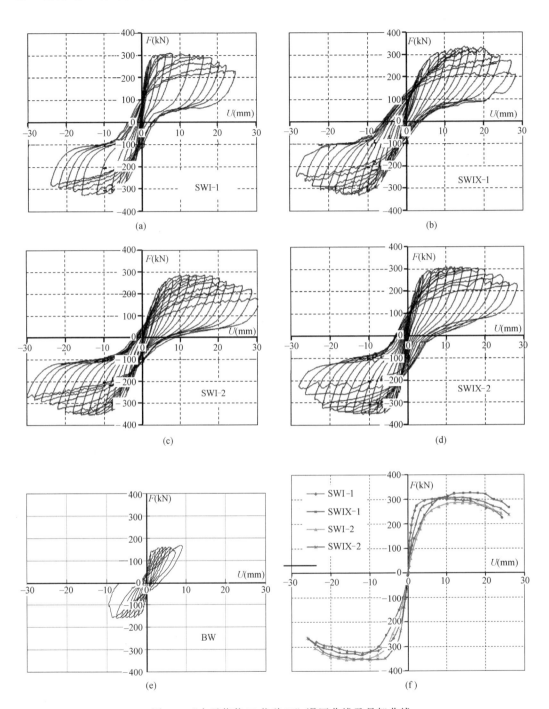

图 3-4 "水平荷载 F-位移 U" 滞回曲线及骨架曲线

（a）SWI-1 的滞回曲线；（b）SWIX-1 的滞回曲线；（c）SWI-2 的滞回曲线；

（d）SWIX-2 的滞回曲线；（e）BW 的滞回曲线 （f）各试件骨架曲线

由图 3-4 和图 3-5、表 3-4 和表 3-5 可见：

（1）带斜筋混凝土剪力墙的滞回曲线明显比不带斜筋的混凝土剪力墙饱满，其等效黏滞阻尼系数相对较大，说明斜筋有效地限制了剪力墙基底剪切滑移和墙体斜裂缝开展，使其耗能能力得到明显提高。

（2）SWIX-1 与 SWI-1 相比、SWIX-2 与 SWI-2 相比，其等效黏滞阻尼系数较大，累计耗能量分别提高了 21.8% 和 27.0%，说明在相同混凝土强度等级下，设置交叉斜筋可以明显提高单排配筋混凝土低矮剪力墙的耗能能力。

（3）SWIX-2 与 SWIX-1 相比、SWI-2 与 SWI-1 相比，其等效黏滞阻尼系数较大，累计耗能量分别提高了 30.8% 和 36.4%，说明在相同的配筋下，提高混凝土强度等级可以明显提高单排配筋混凝土低矮剪力墙的耗能能力。

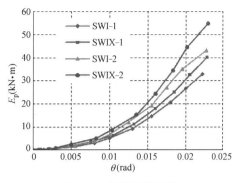

图 3-5　耗能比较曲线

（4）与砖砌体墙相比，混凝土剪力墙的承载力、变形和耗能能力显著提高。

3.2.5　破坏特征

1. SWI-1 的破坏特征

（1）第 1～3 循环无明显现象。

（2）第 4 循环正向加载至 87kN 时，剪力墙底部出现第一条裂缝，裂缝长度为 6cm，裂缝宽度为 0.03mm。

（3）第 5 循环加载至 120kN，底部裂缝长度延伸至 11cm，墙体与基础交接处出现水平裂缝，受拉角部出现新裂缝。

（4）第 6 循环加载至 150kN，底部裂缝长度继续延伸至 18cm，角部裂缝扩张至 15cm，最大裂缝宽度达到 0.1mm。

（5）第 7 循环加载至 180kN，底部裂缝长度继续延伸至 36cm，最大裂缝宽度达到 0.14mm；随着荷载的加大，墙体裂缝主要集中在墙体底部两角处，水平位移达到 2mm，即位移角达到 1/500。

（6）第 8 循环开始采用位移控制，水平位移加载至 4mm，受拉区底角被拉裂并出现多条斜裂缝，受拉底部与基础间缝隙清晰可见，其缝隙为 3mm。

（7）第 9 循环加载至 6mm，底部裂缝长度继续延伸至 70cm，基础与墙体交接处裂缝贯通，剪力墙底部裂缝继续延伸。

（8）第 10 循环加载至 8mm，基础与墙体交接处裂缝达到 6mm，最大裂缝宽度为 1.0mm，受压区底部混凝土压裂。

（9）第 11 循环加载至 10mm，基础与墙体交接处裂缝达到 7mm，受压区底部混凝土脱落。

（10）第 12 循环加载至 12mm，基础与墙体交接处裂缝达到 8mm，受拉区底部混凝土脱落，受压区角部混凝土被压酥，达到极限荷载。

（11）第 13 循环加载至 14mm，底部混凝土被压酥区域增大，混凝土大面积脱落。

（12）第 14 循环加载至 16mm，底部混凝土被压酥区域继续增大，边缘构造纵向钢筋外露。

（13）第 15 循环加载至 18mm，基础与墙体交接处裂缝达到 11mm，底部混凝土脱落继续增大,受拉区边缘构造外露纵向钢筋面积增大,受压区边缘构造纵向钢筋压弯。

(14)第16循环加载至20mm,基础与墙体交接处裂缝达到15mm,底部混凝土脱落继续增大,受拉区边缘构造外露纵向钢筋拉断,承载力下降。

(15)第17循环加载至22mm,底部混凝土脱落继续增大,承载力下降明显,墙底部剪切滑移现象明显,试件破坏。

试件 SWI-1 总结:水平荷载达到87kN时,受拉区底部首先出现裂缝;荷载达到120kN时,墙体与基础交接处出现水平裂缝;随着加载的进行,墙体裂缝主要集中在墙体底部两角处,墙体与基础交接处水平裂缝延伸。加载至1/100位移角时,两端角部混凝土开始脱落,墙体与基础之间的水平缝隙达到7mm,加载至1/80位移角时,达到极限荷载;加载至1/60位移角时,墙底两端角部混凝土脱落面积增大,边缘暗柱钢筋外露,墙体与基础之间的水平缝隙达到11mm;加载至1/50位移角时,墙底角部暗柱纵筋拉断。破坏时,剪力墙底部剪切滑移现象明显,最终表现为弯曲破坏特征,见图3-6。其原因是剪力墙的混凝土强度等级和配筋率均较低,其正截面抗弯承载力较低,在最大弯矩和剪力共同作用的墙底截面,水平裂缝一旦出现,便很快左右贯通,致使剪力墙在底部的水平剪切滑移和暗柱纵筋受拉滑移成为剪力墙变形主体,墙体剪切斜裂缝得不到充分开展,最终因暗柱纵筋拉断发生弯曲破坏。

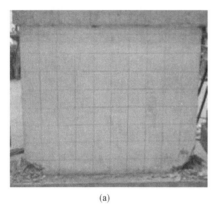

(a)　　　　　　　　　　　　　(b)

图 3-6　SWI-1 破坏形态

(a)最终整体破坏形态;(b)第16循环墙角破坏形态

2. SWIX-1 的破坏特征

(1)第1~3循环无明显现象。

(2)第4循环正向加载至98kN时,剪力墙受拉区底部出现第一条裂缝,裂缝长度为5cm,裂缝宽度为0.02mm。

(3)第5循环加载至120kN,底部裂缝长度延伸至9cm,墙体与基础交接处出现水平裂缝,受拉角部出现新裂缝并呈现斜向发展趋势。

(4)第6循环加载至150kN,底部裂缝长度继续延伸至15cm,角部继续出现新裂缝并出现斜向裂缝,最大裂缝宽度达到0.08mm。

(5)第7循环加载至180kN,底部裂缝长度继续延伸至28cm,最大裂缝宽度达到0.12mm;随着荷载的加大,墙体裂缝主要集中在墙体底部两角处,裂缝斜向发展并延伸,其角度与斜筋角度相近,水平位移达到2mm,即位移角达到1/500。

（6）第 8 循环开始采用位移控制，水平位移加载至 4mm，旧裂缝继续延伸，新裂缝继续出现，墙体与基础交接处出现水平裂缝清晰可见，其缝隙为 2mm。

（7）第 9 循环加载至 6mm，旧裂缝继续延伸，新裂缝继续出现，裂缝集中在墙体底部两角处。

（8）第 10 循环加载至 8mm，基础与墙体交接处裂缝达到 5mm，裂缝继续增多，最大裂缝宽度为 0.8mm。

（9）第 11 循环加载至 10mm，基础与墙体交接处裂缝达到 6mm。

（10）第 12 循环加载至 12mm，基础与墙体交接处裂缝达到 7mm，墙顶出现斜向裂缝。

（11）第 13 循环加载至 14mm，墙体底部两端角部混凝土脱落，达到极限荷载，顶部斜裂缝向下发展。

（12）第 14 循环加载至 16mm，墙体底部混凝土被压裂，墙体底部两端混凝土继续脱落。

（13）第 15 循环加载至 18mm，基础与墙体交接处裂缝达到 8mm，底部混凝土脱落继续增大，底部混凝土被压酥。

（14）第 16 循环加载至 20mm，墙体底部两端角部混凝土脱落面积继续增大，边缘构造钢筋外露，墙体与基础之间的水平缝隙达到 10mm，承载力有所下降。

（15）第 17 循环加载至 22mm，墙体底部两端角部混凝土脱落面积继续增大，边缘构造纵向钢筋被压弯，承载力继续下降。

（16）第 18 循环加载至 24mm，墙体底部两端角部混凝土脱落面积继续增大，承载力继续下降。

（17）第 19 循环加载至 26mm，墙体底部两端角部混凝土大面积脱落，承载力下降明显。

（18）第 20 循环加载至 28mm，边缘构造纵向钢筋拉断，承载力急剧下降，试件破坏。

试件 SWIX-1 总结：水平荷载达到 98kN 时，受拉区底部首先出现裂缝；随着加载的进行，墙体与基础交接处出现水平裂缝，墙体底部两角处出现多条斜裂缝；加载至 1/100 位移角时，墙体与基础之间的水平缝隙达到 6mm；加载至 1/70 位移角时，达到极限荷载，两端角部混凝土开始脱落；加载至 1/50 位移角时，墙底两端角部混凝土脱落面积增大，边缘暗柱钢筋外露，墙体与基础之间的水平缝隙达到 10mm；加载至 1/35 位移角时，墙底角部暗柱纵筋拉断。其最终破坏呈弯剪破坏特征，见图 3-7。其原因是斜筋有效地限制了墙底水平剪切滑移，提高了墙底的抗剪切能力，致使墙体其他部位的剪切斜裂缝发展较充分，最终因其底部正截面弯矩较大，墙体抗弯纵筋较少，致使暗柱纵筋拉断。

3. SWI-2 的破坏特征

（1）第 1-3 循环无明显现象。

（2）第 4 循环正向加载至 97kN 时，剪力墙底部出现第一条裂缝，裂缝长度为 6cm，裂缝宽度为 0.03mm。

（3）第 5 循环加载至 120kN，底部裂缝长度延伸至 10cm，墙体与基础交接处出现水平裂缝，受拉角部出现新裂缝。

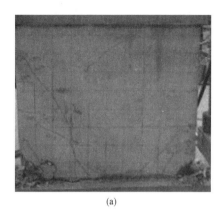 

(a)   (b)

图 3-7   SWIX-1 破坏形态

（a）最终整体破坏形态；（b）第 19 循环墙角破坏形态

（4）第 6 循环加载至 150kN，底部裂缝长度继续延伸至 17cm，墙体角部继续出现新裂缝，最大裂缝宽度达到 0.09mm。

（5）第 7 循环加载至 180kN，底部裂缝长度继续延伸至 35cm，最大裂缝宽度达到 0.12mm，墙体出现斜向裂缝；随着荷载的加大，墙体裂缝主要集中在墙体底部两角处，水平位移达到 2mm，即位移角达到 1/500。

（6）第 8 循环开始采用位移控制，水平位移加载至 4mm，裂缝继续延伸，斜向裂缝向下延伸，同时墙体中部出现新裂缝。

（7）第 9 循环加载至 6mm，底部裂缝长度继续延伸至 65cm，斜裂缝延伸至墙体顶部。

（8）第 10 循环加载至 8mm，基础与墙体交接处裂缝贯通，基础与墙体交接处裂缝达到 5mm，最大裂缝宽度为 0.9mm，受压区底部混凝土压裂。

（9）第 11 循环加载至 10mm，基础与墙体交接处裂缝达到 6mm，受压区底部混凝土脱落。

（10）第 12 循环加载至 12mm，基础与墙体交接处裂缝达到 7mm，墙体中部斜裂缝向下延伸，两端底部混凝土开始脱落，达到极限荷载。

（11）第 13 循环加载至 14mm，底部混凝土被压酥区域增大，墙体中部斜裂缝继续向下延伸。

（12）第 14 循环加载至 16mm，底部混凝土被压酥区域继续增大。

（13）第 15 循环加载至 18mm，基础与墙体交接处裂缝达到 9mm，底部混凝土脱落增大，承载力略有下降。

（14）第 16 循环加载至 20mm，基础与墙体交接处裂缝达到 10mm，底部混凝土脱落继续增大。

（15）第 17 循环加载至 22mm，底部混凝土脱落继续增大，承载力下降，边缘构造纵向钢筋外露。

（16）第 18 循环加载至 24mm，边缘构造纵向钢筋外露面积增加。

（17）第 19 循环加载至 26mm，底部混凝土大面积脱落，承载力下降，边缘构造纵向钢筋压弯。

（18）第 20 循环加载至 28mm，承载力下降明显，边缘构造纵向钢筋屈曲，试件破坏。

试件 SWI-2 总结：水平荷载达到 97kN 时，受拉区底部首先出现裂缝，墙体与基础交接处出现裂缝；随着加载的进行，墙体出现多条斜裂缝，墙体与基础交接处水平裂缝延伸。加载至 1/100 位移角时，墙体与基础之间的水平缝隙达到 6mm；加载至 1/80 位移角时，达到极限荷载，两端角部混凝土开始脱落；加载至 1/45 位移角时，墙底两端角部混凝土脱落面积增大，边缘暗柱钢筋外露，墙体与基础之间的水平缝隙达到 10mm；加载至 1/35 位移角时，底角部位暗柱纵向筋屈曲，承载力下降明显。其最终破坏呈弯剪破坏特征，见图 3-8。与 SWI-1 相比，其混凝土强度等级提高了 1 倍，使其墙底水平截面的抗剪和抗弯承载力有较大程度提高，暗柱纵筋受拉滑移量减小，墙底水平裂缝宽度变小，且出现后没有很快左右贯通，使得墙体其他部位的剪切斜裂缝得到一定程度的开展，最终因暗柱底部纵筋受压屈曲、墙角混凝土压碎而使剪力墙达到破坏状态。

(a)　　　　　　　　　　　　　　(b)

图 3-8　SWI-2 破坏形态

（a）最终整体破坏形态；（b）第 17 循环墙角破坏形态

4. SWIX-2 的破坏特征

（1）第 1-4 循环无明显现象。

（2）第 5 循环正向加载至 117kN 时，剪力墙受拉区底部出现第一条裂缝，裂缝长度为 4cm，裂缝宽度为 0.02mm。

（3）第 6 循环加载至 150kN，底部裂缝长度延伸至 8cm，墙体与基础交接处出现水平裂缝。

（4）第 7 循环加载至 180kN，底部裂缝长度继续延伸至 19cm，角部继续出现新裂缝并出现斜向裂缝，最大裂缝宽度达到 0.1mm；随着荷载的加大，墙体裂缝主要集中在墙体底部两角处，裂缝斜向发展并延伸，其角度与斜筋角度相近，水平位移达到 2mm，即位移角达到 1/500。

（5）第 8 循环开始采用位移控制，水平位移加载至 4mm，旧裂缝继续延伸，新裂缝继续出现，墙体与基础交接处出现水平裂缝清晰可见，其缝隙为 2mm。

（6）第 9 循环加载至 6mm，旧裂缝继续延伸，墙顶出现斜向裂缝，裂缝集中在墙体底部两端角落。

（7）第10循环加载至8mm，基础与墙体交接处裂缝达到3mm，裂缝继续增多，斜向裂缝向下延伸，最大裂缝宽度为0.7mm。

（8）第11循环加载至10mm，基础与墙体交接处裂缝达到5mm。

（9）第12循环加载至12mm，基础与墙体交接处裂缝达到6mm，墙中部出现斜向裂缝，受压区墙体角部混凝土压裂，达到极限荷载，顶部斜裂缝继续向下发展，其角度与斜筋角度逼近。

（10）第13循环加载至14mm，墙体底部两端混凝土开始脱落，斜向裂缝对角贯通。

（11）第14循环加载至16mm，墙体底部两端混凝土继续脱落。

（12）第15循环加载至18mm，墙体底部两端混凝土脱落增加，基础与墙体交接处裂缝达到8mm。

（13）第16循环加载至20mm，墙体底部两端角部混凝土脱落面积继续增大，基础与墙体交接处裂缝达到9mm，墙体底部边缘构造纵向钢筋外露，承载力有所下降。

（14）第17循环加载至22mm，墙体底部两端角部混凝土脱落面积继续增大，边缘构造纵向钢筋被压弯，承载力继续下降。

（15）第18循环加载至24mm，墙体底部边缘构造纵向钢筋拉断，承载力下降明显。

（16）第19循环加载至26mm，墙体底部两端角部混凝土大面积脱落，试件破坏。

试件SWIX-2总结：与SWI-2相似，水平荷载达到117kN时，受拉区底部出现裂缝，墙体与基础交接处出现裂缝；随着加载的进行，墙体出现多条斜裂缝，墙体与基础交接处水平裂缝延伸。加载至1/100位移角时，墙体与基础之间的水平缝隙达到5mm，达到极限荷载；加载至1/70位移角时，两端角部混凝土开始脱落；加载至1/50位移角时，墙底两端角部混凝土脱落面积增大，边缘暗柱钢筋外露，墙体与基础之间的水平缝隙达到9mm；加载至1/40位移角时，墙底角部暗柱纵筋拉断。其最终破坏呈弯剪破坏特征，见图3-9。与SWI-2相比，因斜筋在墙底的抗剪切滑移作用和对墙体斜裂缝开展的限制作用，其斜裂缝较多，且宽度较小；与SWIX-1相比，因混凝土强度提高，暗柱纵筋受拉滑移量较小，水平弯曲裂缝开展缓慢，斜裂缝发展相对充分，形成了对角斜裂缝。

(a)　　　　　　　　　　　　　　　(b)

图3-9　SWIX-2破坏形态

(a) 最终整体破坏形态；(b) 第18循环墙角破坏形态

5. BW 破坏特征

试件 BW：其最终破坏呈典型的配筋砌体剪切破坏特征，见图 3-10。

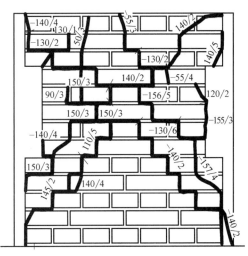

图 3-10 BW 破坏形态

3.3 钢筋应变分析

3.3.1 实测钢筋应变滞回曲线

1. SWI-1 钢筋应变及分析

试件 SWI-1 布置了 2 个暗柱纵筋应变片 ZZ1、ZZ2，实测应变滞回曲线如图 3-11（a）所示；4 个剪力墙竖向分布钢筋应变片 FBZ1～FBZ4，实测应变滞回曲线如图 3-11（b）～图 3-11（e）所示；1 个剪力墙水平分布钢筋应变片 FBH1，实测应变滞回曲线如图 3-11（f）所示。

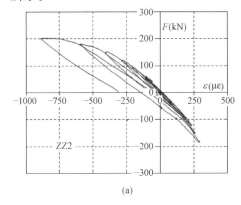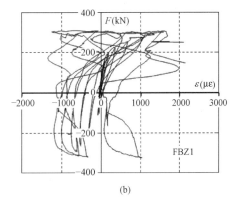

(a)　　　　　　　　　　　　　(b)

图 3-11 SWI-1 部分钢筋应变滞回曲线图（一）

（a）ZZ2 应变滞回曲线；（b）FBZ1 应变滞回曲线

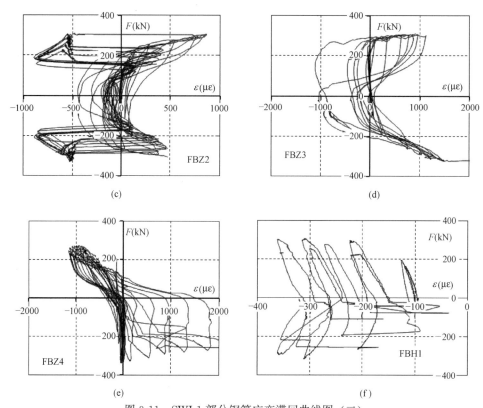

图 3-11 SWI-1 部分钢筋应变滞回曲线图（二）

（c）FBZ2 应变滞回曲线；（d）FBZ3 应变滞回曲线；（e）FBZ4 应变滞回曲线；

（f）FBH1 应变滞回曲线

2. SWI-2 钢筋应变及分析

试件 SWI-2 布置了 2 个暗柱纵筋应变片 ZZ1、ZZ2，实测应变滞回曲线如图 3-12
（a）、图 3-12（b）所示；4 个剪力墙竖向分布钢筋应变片 FBZ1～FBZ4，实测应变滞回曲
线如图 3-12（c）～图 3-12（f）所示；1 个剪力墙水平分布钢筋应变片 FBH1，实测应变滞回
回曲线如图 3-12（g）所示。

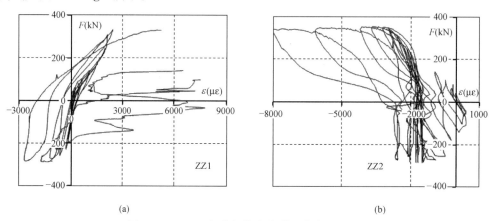

图 3-12 SWI-2 部分钢筋应变滞回曲线图（一）

（a）ZZ1 应变滞回曲线；（b）ZZ2 应变滞回曲线

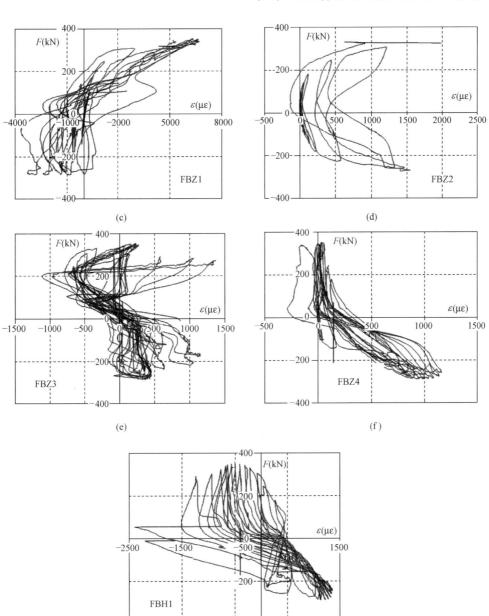

图 3-12 SWI-2 部分钢筋应变滞回曲线图（二）

（c）FBZ1 应变滞回曲线；（d）FBZ2 应变滞回曲线；（e）FBZ3 应变滞回曲线；

（f）FBZ4 应变滞回曲线；（g）FBH1 应变滞回曲线

3. SWIX-1 钢筋应变及分析

试件 SWIX-1 布置了 2 个暗柱纵筋应变片 ZZ1、ZZ2，实测应变滞回曲线如图 3-13（a）、图 3-13（b）所示；5 个剪力墙竖向分布钢筋应变片 FBZ1～FBZ5，实测应变滞回曲线如图 3-13（c）～图 3-13（g）所示；1 个剪力墙水平分布钢筋应变片 FBH1，实测应变滞回曲线如图 3-13（h）所示；6 个剪力墙斜向钢筋应变片 X1～X6，实测应变滞回曲线如图 3-13（i）～图 3-13（k）所示；

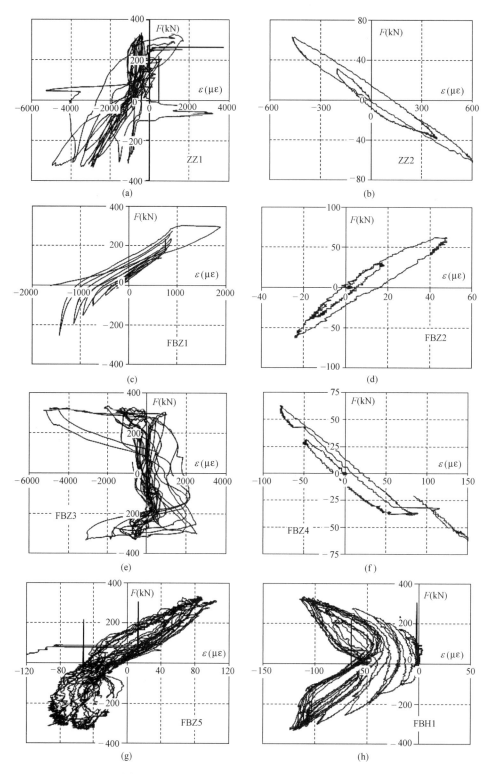

图 3-13　SWIX-1 部分钢筋应变滞回曲线图 （一）

（a）ZZ1 应变滞回曲线；（b）ZZ2 应变滞回曲线；（c）FBZ1 应变滞回曲线；（d）FBZ2 应变滞回曲线；

（e）FBZ3 应变滞回曲线；（f）FBZ4 应变滞回曲线；（g）FBZ5 应变滞回曲线；（h）FBH1 应变滞回曲线

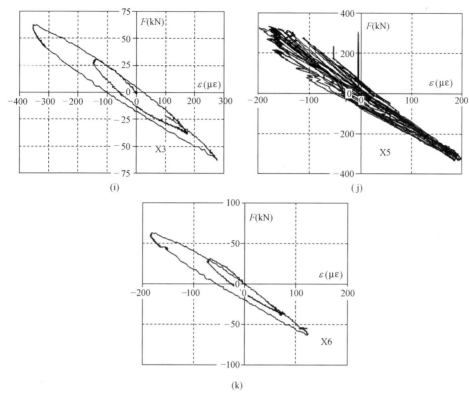

图 3-13 SWIX-1 部分钢筋应变滞回曲线图（二）

（i）X3 应变滞回曲线；（j）X5 应变滞回曲线；（k）X6 应变滞回曲线

4. SWIX-2 钢筋应变及分析

试件 SWIX-2 布置了 2 个暗柱纵筋应变片 ZZ1、ZZ2，实测应变滞回曲线如图 3-14（a）、图 3-14（b）所示；5 个剪力墙竖向分布钢筋应变片 FBZ1～FBZ5，实测应变滞回曲线如图 3-14（c）～图 3-14（g）所示；1 个剪力墙水平分布钢筋应变片 FBH1，实测应变滞回曲线如图 3-14（h）所示；6 个剪力墙斜向钢筋应变片 X1～X6，实测应变滞回曲线如图 3-14（i）～图 3-14（m）所示；

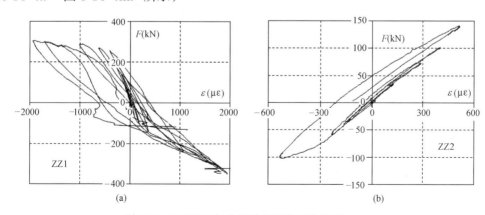

图 3-14 SWIX-2 部分钢筋应变滞回曲线图（一）

（a）ZZ1 应变滞回曲线；（b）ZZ2 应变滞回曲线

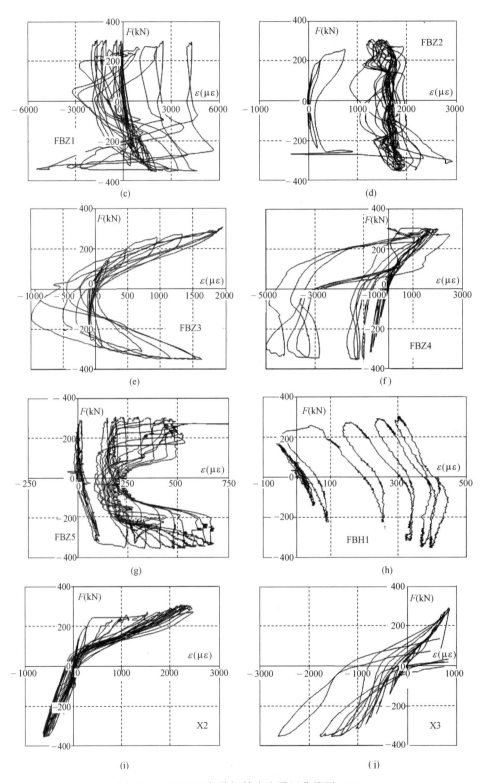

图 3-14 SWIX-2 部分钢筋应变滞回曲线图（二）

（c）FBZ1 应变滞回曲线；（d）FBZ2 应变滞回曲线；（e）FBZ3 应变滞回曲线；（f）FBZ4 应变滞回曲线；

（g）FBZ5 应变滞回曲线；（h）FBH1 应变滞回曲线；（i）X2 应变滞回曲线；（j）X3 应变滞回曲线

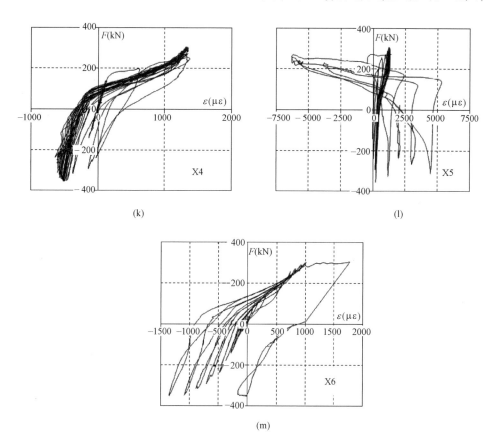

图 3-14 SWIX-2 部分钢筋应变滞回曲线图（三）

（k）X4 应变滞回曲线；（l）X5 应变滞回曲线；（m）X6 应变滞回曲线

3.3.2 实测钢筋应变对比分析

取各试件同一位置处的测点应变做对比分析。

图 3-15（a）为 SWI-1 剪力墙中部同一位置处水平分布钢筋和纵向分布钢筋测点在第九、十循环时应变滞回曲线对比图。图 3-15（b）为 SWI-2 剪力墙中部同一位置处水平分布钢筋和纵向分布钢筋测点在第九、十循环时应变滞回曲线对比图。

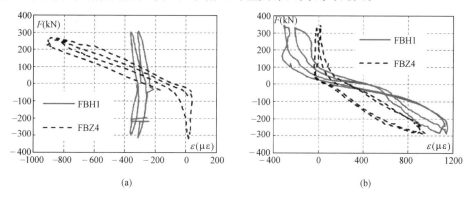

图 3-15 SWI-1、SWI-2 钢筋测点应变比较

（a）SWI-1 墙体中部应变滞回曲线比较；（b）SWI-2 墙体中部应变滞回曲线比较

图 3-16（a）为 SWIX-1 剪力墙中部同一位置处水平分布钢筋、纵向分布钢筋和斜向钢筋测点在第四、五、六循环时应变滞回曲线对比图。

图 3-16（b）为 SWIX-1 剪力墙底部同一水平位置处边缘构造钢筋、纵向分布钢筋和斜向钢筋测点在第一、二循环时应变滞回曲线对比图。

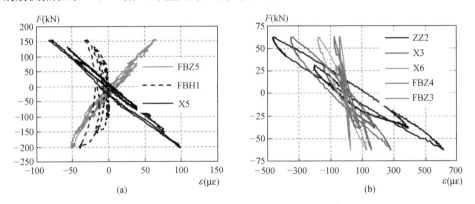

图 3-16　SWIX-1 钢筋测点应变比较

（a）SWIX-1 墙体中部应变滞回曲线比较；（b）SWIX-1 墙体底部应变滞回曲线比较

图 3-17（a）为 SWIX-2 剪力墙中部同一位置处水平分布钢筋、纵向分布钢筋和斜向钢筋测点在第八、九、十循环时应变滞回曲线对比图。

图 3-17（b）为 SWIX-2 剪力墙底部同一水平位置处边缘构造钢筋、纵向分布钢筋和斜向钢筋测点在第一、二、三循环时应变滞回曲线对比图。

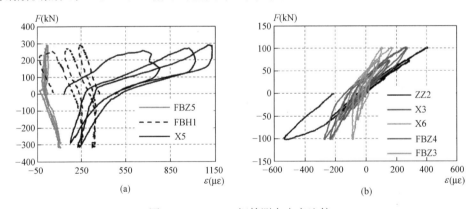

图 3-17　SWIX-2 钢筋测点应变比较

（a）SWIX-2 墙体中部应变滞回曲线比较；（b）SWIX-2 墙体底部应变滞回曲线比较

由图 3-16 和图 3-17 可见，在弯矩最大的矩形截面剪力墙墙体底部，钢筋应变速度由外向内依次减弱；在墙体中部，斜筋的应变发展最快，表明斜筋是剪力墙体中抗剪的第一道防线，可有效地控制斜裂缝的开展，增强墙体的耗能能力。

3.4　本章小结

本章进行了 4 个剪跨比为 1.0 的单排配筋矩形截面低矮剪力墙试件和 1 个约束配筋页

岩砖砌体低矮剪力墙的抗震性能试验，并对试验结果进行了对比分析，包括矩形截面低矮剪力墙试件的承载力、延性、刚度及其衰减过程、耗能能力、破坏特征和钢筋应变等。

试验分析表明：对于低配筋量的单排配筋混凝土低矮剪力墙，在低周水平反复荷载作用下，其破坏特征以延性较好的弯曲破坏为主，抗震性能较好；在配筋量保持不变条件下，在单排配筋混凝土低矮剪力墙中设置斜筋，可有效限制其基底剪切滑移和墙体斜裂缝开展，明显提高其抗震耗能能力；低轴压比情况效果相对较佳；对于单排配筋混凝土低矮剪力墙，提高其混凝土强度等级，降低轴压比，可提高其初始刚度和抗震耗能能力，单排配筋剪力墙的抗震性能明显优于页岩砖砌体剪力墙的抗震性能。

Z形截面剪力墙抗震性能试验及分析

4.1 试验结果与分析

4.1.1 承载力

试件实测特征荷载列于表4-1。其中：F_c 为混凝土剪力墙首次加载到开裂时的开裂荷载；F_y 为正负两向明显屈服荷载均值；F_u 为正负两向极限荷载均值。

各试件实测特征荷载 表4-1

试件编号	F_c(kN)		F_y(kN)		F_u(kN)		F_y/F_u
	实测值	相对值	实测值	相对值	实测值	相对值	
SWZ-1	68.31	1.000	193.42	1.000	237.31	1.000	0.82
SWZX-1	83.73	1.226	220.61	1.141	300.43	1.266	0.73
SWZ-2	52.42	1.000	117.85	1.000	149.28	1.000	0.79
SWZX-2	55.36	1.056	135.56	1.150	170.38	1.141	0.80
SW	34.67	—	124.43	—	144.67	—	0.86

从表4-1中可知：

（1）SWZX-1 与 SWZ-1 相比，明显开裂荷载、屈服荷载、极限荷载分别提高了 22.6%、14.1%、26.6%。说明在相同的配筋率下，设置斜筋可明显地提高单排配筋 Z 形截面剪力墙腹板方向的承载力。

（2）SWZX-2 与 SWZ-2 相比，明显开裂荷载、屈服荷载、极限荷载分别提高了 5.6%、15.0%、14.1%，说明在相同的配筋率下，设置斜筋可以明显地提高单排配筋 Z 形截面剪力墙翼缘方向的承载力。

（3）单排配筋中高剪力墙与墙厚为 240mm 的约束配筋页岩砖中高砌体墙 SW 相比，单排配筋混凝土剪力墙的承载力显著提高。

4.1.2　延性

试件实测特征位移列于表 4-2。其中：U_c 为明显开裂水平荷载对应的开裂位移，U_y 为屈服水平荷载对应的屈服位移，U_d 为水平荷载下降到极限荷载的 85% 时对应的弹塑性最大位移，θ_p 为弹塑性最大位移角，μ 为延性系数。

由表 4-2 可见：

（1）SWZX-1 与 SWZ-1 相比，延性系数提高了 23.6%，弹塑性最大位移提高了 29.1%。说明交叉斜筋能明显改善单排配筋 Z 形截面剪力墙腹板方向的延性。

（2）SWZX-2 与 SWZ-2 相比，明显开裂位移、屈服位移、弹塑性最大位移、延性系数 μ 均相近，说明交叉斜筋对于单排配筋 Z 形截面剪力墙翼缘方向的延性提高作用不明显。

（3）各中高剪力墙与砖砌体墙 SW 相比，其弹塑性最大位移角和延性系数都显著高，可见其延性性能明显优于约束配筋页岩砖砌体中高剪力墙。

各试件实测特征位移　　　　　　　　　　表 4-2

试件编号	U_c(mm)	U_y(mm)	U_d(mm)	θ_p	μ	μ 相对值
SWZ-1	0.91	4.49	38.85	1/39	8.65	1.000
SWZX-1	1.04	4.69	50.15	1/30	10.69	1.236
SWZ-2	0.87	4.57	49.91	1/30	10.92	1.000
SWZX-2	0.88	4.62	50.41	1/30	10.91	0.999
SW	0.57	5.48	26.41	1/57	4.82	0.557

4.1.3　刚度

试件实测所得的刚度及其退化系数列于表 4-3。其中：K_o 为各试件的初始弹性刚度；K_c 为各试件的开裂刚度；K_y 为各试件正负两向明显屈服刚度的均值；β_{co} 为各试件的开裂刚度 K_c 与初始弹性刚度 K_o 的比值，即试件从初始到开裂的刚度退化系数；β_{yc} 为各试件的开裂刚度 K_c 与屈服刚度 K_y 的比值，即试件从开裂到屈服的刚度退化系数；β_{yo} 为各试件的屈服刚度 K_y 与初始弹性刚度 K_o 的比值，即试件从初始到屈服的刚度退化系数。实测所得各试件的"刚度 K-位移角 θ"关系曲线见图 4-1。

刚度实测值及其退化系数　　　　　　　　表 4-3

试件编号	K_o (kN/mm)	K_o 相对值	K_c (kN/mm)	K_y (kN/mm)	β_{co}	β_{yc}	β_{yo}
SWZ-1	405.85	1.000	75.07	43.07	0.185	0.574	0.106
SWZX-1	412.47	1.010	80.51	47.04	0.195	0.584	0.114
SWZ-2	177.50	1.278	60.25	25.79	0.339	0.428	0.145
SWZX-2	181.15	1.291	62.91	29.34	0.347	0.466	0.162
SW	145.02	—	60.82	22.71	0.419	0.374	0.157

由表 4-3 和图 4-1 可见：

（1）SWZ-1 和 SWZX-1 的初始刚度基本相同，SWZ-2 和 SWZX-2 的初始刚度基本相

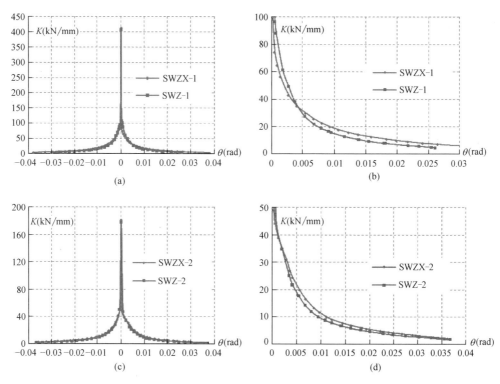

图 4-1 "刚度 K-位移角 θ" 关系曲线

（a）SWZ-1 和 SWZX-1 的"刚度 K-位移角 θ"关系曲线；（b）SWZ-1 和 SWZX-1 的"刚度 K-位移角 θ"曲线局部放大；
（c）SWZ-2 和 SWZX-2 的"刚度 K-位移角 θ"关系曲线；（d）SWZ-2 和 SWZX-2 的"刚度 K-位移角 θ"曲线局部放大

同，说明剪力墙的初始刚度大小主要与混凝土强度和试件的截面尺寸有关。

（2）SWZ-1 和 SWZX-1 剪力墙开裂后，带斜筋单排配筋剪力墙 SWZX-1 的刚度衰减速度慢于普通单排配筋剪力墙 SWZ-1，说明斜筋可以减小单排配筋混凝土 Z 形截面剪力墙腹板方向的衰减速度。

（3）SWZ-2 和 SWZX-2 剪力墙开裂后，带斜筋单排配筋剪力墙 SWZX-2 的刚度衰减速度慢于普通单排配筋剪力墙 SWZ-2，说明斜筋可以减小单排配筋混凝土 Z 形截面剪力墙翼缘方向的衰减速度。

（4）与砖砌体中高剪力墙 SW 相比，单排配筋混凝土中高剪力墙在各阶段的刚度明显较大。

4.1.4 滞回曲线与耗能

各试件实测"水平荷载-位移"滞回曲线和骨架曲线见图 4-2。滞回曲线综合反映剪力墙的刚度、强度、变形和耗力能力，滞回环所包含的面积反映构件弹塑性耗能的大小，滞回环越饱满，构件的耗能能力越好。4 个混凝土剪力墙实测耗能比较见表 4-4。

图 4-3 为加载至各个滞回环时试件的耗能比较曲线，其横坐标表示此滞回环加载到的正负位移角均值时的位移角，纵坐标表示在此滞回环之前的累积耗能值。其中图 4-3（a）为 SWZ-1 和 SWZX-1 的耗能比较曲线，图 4-3（b）为 SWZ-2 和 SWZX-2 的耗能比较曲线，表 4-5 是各个试件耗能比较曲线的数据。

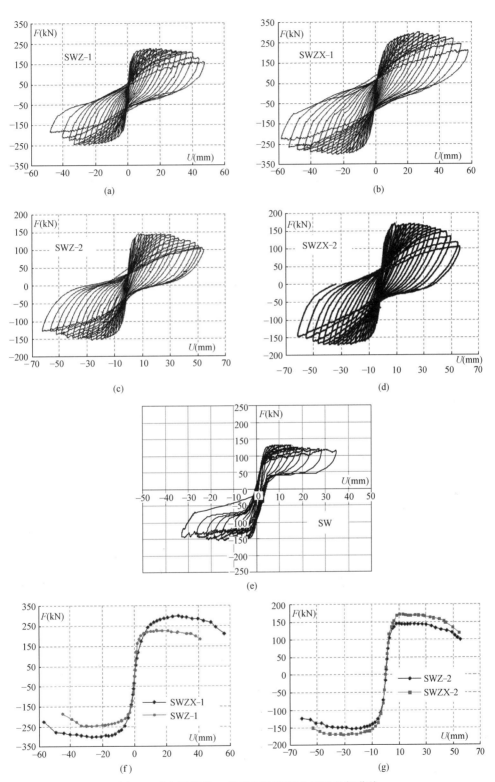

图 4-2 "水平荷载 F-位移 U" 滞回曲线及骨架曲线

（a）SWZ-1 的滞回曲线；（b）SWZX-1 的滞回曲线；（c）SWZ-2 的滞回曲线；（d）SWZX-2 的滞回曲线；

（e）SW 的滞回曲线；（f）SWZ-1 和 SWZX-1 的骨架曲线；（g）SWZ-2 和 SWZX-2 的骨架曲线

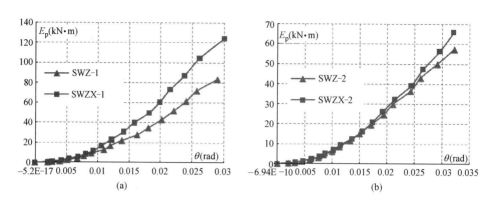

图 4-3 耗能比较曲线

(a) SWZ-1 和 SWZX-1 的耗能比较曲线；(b) SWZ-2 和 SWZX-2 的耗能比较曲线

实测所得各试件耗能值　　　　　　　　　　　　　　表 4-4

试件编号	h_e	E_p(kN·mm)	E_p 相对值
SWZ-1	0.1397	83661.2	1.000
SWZX-1	0.1524	124113.8	1.484
SWZ-2	0.1495	57460.01	1.000
SWZX-2	0.1620	66018.18	1.149

耗能比较曲线的数据　　　　　　　　　　　　　　表 4-5

SWZ-1		SWZX-1		SWZ-2		SWZX-2	
θ(rad)	E_p(kN·m)	θ(rad)	E_p(kN·m)	θ(rad)	E_p(kN·m)	θ(rad)	E_p(kN·m)
0.0020	0.271	0.0020	0.389	0.0020	0.244	0.002	0.251
0.0027	0.671	0.0027	1.235	0.0032	0.527	0.0033	0.731
0.0039	1.488	0.0041	2.406	0.0044	1.212	0.0047	1.542
0.0050	2.724	0.0053	3.964	0.0059	2.163	0.0062	2.498
0.0067	4.484	0.0068	5.989	0.0075	3.119	0.0077	3.672
0.0078	6.700	0.0081	8.546	0.0084	4.533	0.0087	5.174
0.0090	9.567	0.0093	11.648	0.010	6.255	0.0102	6.984
0.0110	12.923	0.0106	16.713	0.0113	8.577	0.0115	9.449
0.0120	16.981	0.0122	23.105	0.0133	11.493	0.0136	12.551
0.0138	22.039	0.0141	30.905	0.015	15.128	0.0155	16.339
0.0163	27.909	0.0158	39.830	0.0171	19.561	0.0173	20.785
0.0181	34.921	0.0182	49.787	0.0194	24.648	0.0192	26.194
0.0202	43.300	0.0199	60.712	0.0211	29.899	0.0214	32.314
0.0221	52.157	0.0215	73.140	0.0243	36.491	0.0244	39.378
0.0241	61.851	0.0238	86.802	0.0261	43.063	0.0265	47.444
0.0258	72.156	0.0262	104.332	0.0291	50.021	0.0295	56.503
0.0290	83.661	0.0300	124.113	0.0322	57.460	0.0320	66.018

由图4-2和图4-3、表4-4和表4-5可见：

（1）SWZX-1与SWZ-1相比，SWZX-2与SWZ-2相比，SWZX-1和SWZX-2的滞回环相对饱满、捏拢较轻、承载力高，滞回环所包围的面积较大，没有发生底部剪切滑移现象。说明设置交叉斜筋可以明显提高单排配筋Z形截面剪力墙的抗震性能。

（2）SWZX-1与SWZ-1相比，其等效黏滞阻尼系数较大，累计耗能量提高了48.4%，说明斜筋可以明显提高单排配筋Z形截面剪力墙腹板方向的耗能能力。

（3）SWZX-2与SWZ-2相比，其等效黏滞阻尼系数较大，累计耗能量提高了14.9%，说明斜筋可以明显提高单排配筋Z形截面剪力墙翼缘方向的耗能能力。

（4）与砖砌体墙相比，混凝土剪力墙的承载力、变形和耗能能力显著提高。

4.1.5 破坏特征

1. SWZ-1的破坏特征

（1）第1、2循环无明显现象。

（2）第3循环正向加载至68kN时，受拉区翼缘底部出现第一条裂缝，裂缝宽度为0.03mm。

（3）第4循环加载至120kN，受拉区翼缘底部出现新裂缝。

（4）第5循环加载至150kN，受拉区翼缘底部裂缝向边缘发展，墙体与基础出现裂缝，最大裂缝宽度达到0.08mm，水平位移达到2mm，即位移角到1/750。

（5）第6循环加载至180kN，受拉区腹板底部出现新裂缝，最大裂缝宽度达到0.1mm；随着荷载的加大，墙体裂缝主要集中在墙体底部，水平位移到3mm，即位移角达到1/500。

（6）第7循环加载至200kN，受拉区底部出现新裂缝，裂缝在翼缘和腹板底部延伸发展，最大裂缝宽度达到0.12mm；水平位移达到4mm，采用位移控制加载。

（7）第8循环开始采用位移控制，水平位移加载至6mm，受拉区底部出现多条斜裂缝，受拉底部与基础间缝隙为3mm。

（8）第9循环加载至8mm，受拉区翼缘和腹板底部裂缝继续增多，出现交叉斜向裂缝，裂缝继续延伸。

（9）第10循环加载至10mm，裂缝继续增多，最大裂缝宽度为1.0mm。

（10）第11循环加载至12mm，基础与墙体交接处裂缝达到5mm，裂缝继续增多，墙体中部裂缝向下延伸。

（11）第12循环加载至14mm，腹板斜向裂缝贯通，压区角部混凝土被压裂。

（12）第13循环加载至16mm，底基础与墙体交接处裂缝达到6mm，裂缝继续增多。

（13）第14循环加载至18mm，受压区角部混凝土压裂区域增大，受拉区混凝土脱落，墙体与基础缝隙达到8mm。

（14）第15循环加载至21mm，基础与墙体交接处裂缝达到9mm，底部混凝土脱落继续增大，达到极限荷载。

（15）第16循环加载至24mm，腹板两端角部混凝土脱落面积增大，钢筋外露，墙体与基础缝隙达到11mm。

（16）第17循环加载至27mm，腹板两端角部混凝土脱落面积继续增大，墙体有新裂缝产生，旧裂缝延伸。

（17）第 18 循环加载至 30mm，受压区钢筋压弯，受拉区底部与基础间缝隙为 13mm，承载力略有下降。

（18）第 19 循环加载至 33mm，腹板两端角部混凝土脱落面积继续增大。

（19）第 20 循环加载至 36mm，受拉区钢筋拉断，承载力下降，试件破坏。

（20）第 21 循环加载至 40mm，承载力下降明显，试件破坏明显。

SWZ-1 总结：在水平加载过程中，受拉区翼缘底部首先出现弯曲水平裂缝，随着加载的进行，翼缘和腹板相继出现多条水平裂缝和斜裂缝，裂缝基本集中在墙体中下部，墙体与基础交接处的水平弯曲裂缝宽度相对较大。加载至 1/100 位移角时，腹板斜向裂缝贯通；加载至 1/90 位移角时，腹板两端角部混凝土脱落，墙体与基础缝隙达到 8mm，加载至 1/70 位移角时，达到极限荷载；加载至 1/60 位移角时，腹板两端角部混凝土脱落面积增大，钢筋外露，墙体与基础缝隙达到 11mm；加载至 1/41 位移角时，腹板角部暗柱纵向钢筋拉断。其最终破坏形态呈弯曲破坏特征，见图 4-4。

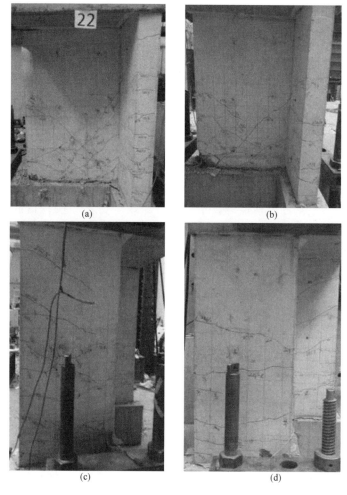

图 4-4　SWZ-1 破坏形态（一）

（a）最终腹板南面破坏形态；（b）最终腹板北面破坏形态；（c）最终翼缘西面破坏形态；（d）最终翼缘东面破坏形态

(e)   (f)

图 4-4   SWZ-1 破坏形态（二）

（e）第 20 循环腹板东面角部破坏；（f）第 20 循环腹板西面角部破坏

2. SWZX-1 的破坏特征

（1）第 1、2 循环无明显现象。

（2）第 3 循环正向加载至 83kN 时，受拉区翼缘底部出现第一条裂缝，裂缝宽度为 0.02mm。

（3）第 4 循环加载至 120kN，受拉区翼缘底部出现新裂缝。

（4）第 5 循环加载至 150kN，受拉区翼缘底部裂缝向边缘发展，墙体与基础出现裂缝，最大裂缝宽度达到 0.06mm，水平位移达到 2mm，即位移角达到 1/750。

（5）第 6 循环加载至 180kN，受拉区底部出现新裂缝并出现斜裂缝，最大裂缝宽度达到 0.08mm；随着荷载的加大，墙体裂缝主要集中在墙体底部，水平位移达到 3mm，即位移角达到 1/500。

（6）第 7 循环加载至 210kN，受拉区底部继续出现多条新裂缝，旧裂缝在翼缘和腹板底部延伸发展，最大裂缝宽度达到 0.1mm；水平位移达到 4mm，采用位移控制加载。

（7）第 8 循环开始采用位移控制，水平位移加载至 6mm，受拉区底部出现多条斜裂缝，受拉底部与基础间缝隙为 2mm。

（8）第 9 循环加载至 8mm，受拉区翼缘和腹板底部裂缝继续增多，出现交叉斜向裂缝，裂缝继续延伸。

（9）第 10 循环加载至 10mm，裂缝继续增多，最大裂缝宽度为 0.8mm。

（10）第 11 循环加载至 12mm，基础与墙体交接处裂缝达到 3mm，继续出现新裂缝，旧裂缝继续延伸，交叉斜向裂缝延伸并向斜筋角度逼近。

（11）第 12 循环加载至 14mm，腹板斜向裂缝贯通。

（12）第 13 循环加载至 16mm，底基础与墙体交接处裂缝达到 4mm，受压区混凝土压裂，裂缝继续增多。

（13）第 14 循环加载至 18mm，受压区角部混凝土压裂区域增大，受拉区混凝土开始脱落，墙体与基础缝隙达到 4mm。

（14）第 15 循环加载至 21mm，基础与墙体交接处裂缝达到 5mm，底部混凝土脱落继续增大，新裂缝继续产生。

（15）第 16 循环加载至 24mm，腹板两端角部混凝土脱落面积增大，墙体与基础缝隙达到 6mm。

（16）第 17 循环加载至 27mm，腹板两端角部混凝土脱落面积继续增大，钢筋外露，达到极限承载力，墙体与基础缝隙达到 7mm，腹板出现对角斜向裂缝，其角度与斜筋角度相近。

（17）第 18 循环加载至 30mm，外露钢筋面积增大，受拉区底部与基础间缝隙为 13mm，受压区混凝土被压酥区域继续增大。

（18）第 19 循环加载至 33mm，腹板两端角部混凝土脱落面积继续增大，钢筋压弯，承载力略有下降。

（19）第 20 循环加载至 36mm，腹板两端角部混凝土大面积脱落，钢筋压弯。

（20）第 21 循环加载至 40mm，承载力下降，外露钢筋压弯。

（21）第 22 循环加载至 44mm，承载力继续下降，最外侧受拉斜筋拉断。

（22）第 23 循环加载至 48mm，承载力下降明显。

（23）第 24 循环加载至 53mm，承载力继续下降，边缘构造纵向钢筋拉断，试件破坏。

试件 SWZX-1 总结：与 SWZ-1 相似，也是受拉区翼缘底部首先出现弯曲水平裂缝，随着加载的进行，翼缘和腹板相继出现多条水平裂缝和斜裂缝，裂缝基本集中在墙体中下部，墙体与基础交接处的水平弯曲裂缝宽度相对较大。加载至 1/100 位移角时，腹板斜向裂缝贯通；加载至 1/80 位移角时，腹板两端角部混凝土脱落，墙体与基础缝隙达到 4mm，加载至 1/55 位移角时，达到极限荷载，腹板两端角部混凝土脱落面积增大，钢筋外露，墙体与基础缝隙达到 7mm；加载至 1/35 位移角时，腹板角部最外侧斜向钢筋拉断，墙体与基础缝隙达到 10mm；加载至 1/28 位移角时，腹板角部暗柱纵向钢筋拉断。其最终破坏形态呈弯曲破坏特征，见图 4-5。

 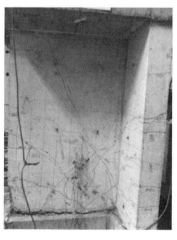

(a)　　　　　　　　　　　　(b)

图 4-5　SWZX-1 破坏形态（一）

（a）最终腹板南面破坏形态；（b）最终腹板北面破坏形态

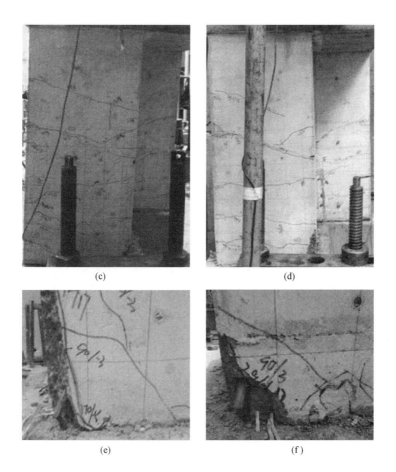

(c)　　　　　　　　　　　　　(d)

(e)　　　　　　　　　　　　　(f)

图 4-5　SWZX-1 破坏形态（二）

（c）最终翼缘西面破坏形态；（d）最终翼缘东面破坏形态；
（e）第 21 循环腹板东面角部破坏；（f）第 21 循环腹板西面角部破坏

3. SWZ-2 的破坏特征

（1）第 1 循环无明显现象。

（2）第 2 循环正向加载至 52kN 时，受拉区翼缘底角出现第一条裂缝，裂缝宽度为 0.03mm。

（3）第 3 循环加载至 90kN，受拉区翼缘底部出现新裂缝，墙体与基础出现裂缝，最大裂缝宽度达到 0.08mm，水平位移达到 2mm，即位移角达到 1/750。

（4）第 4 循环加载至 120kN，受拉区翼缘底部裂缝延伸，水平位移达到 3mm。

（5）第 5 循环开始采用位移控制，水平位移加载至 5mm，受拉区底部出现新裂缝并出现斜裂缝，最大裂缝宽度达到 0.1mm；随着荷载的加大，墙体裂缝主要集中在墙体底部。

（6）第 6 循环加载至 7mm，受拉区底部继续出现多条新裂缝，旧裂缝在翼缘和腹板底部延伸发展，最大裂缝宽度达到 0.12mm。

（7）第 7 循环加载至 9mm，受拉区底部出现多条斜裂缝，旧裂缝继续延伸，翼缘底角处与基础间的缝隙为 2mm。

（8）第 8 循环加载至 11mm，受拉区翼缘和腹板底部裂缝继续增多，出现交叉斜向裂缝，裂缝继续延伸。

（9）第 9 循环加载至 13mm，裂缝继续增多，最大裂缝宽度为 0.14mm。

（10）第 10 循环加载至 15mm，翼缘底角处与基础间的缝隙为 4mm，裂缝继续延伸。

（11）第 11 循环加载至 17mm，翼缘底角处与基础间的缝隙为 5mm，裂缝延伸至墙顶，达到极限荷载，墙体在顺着翼缘方向存在较小的扭转角度。

（12）第 12 循环加载至 20mm，翼缘受压底部混凝土压裂。

（13）第 13 循环加载至 23mm，翼缘受压区角部混凝土压裂区域增大，受拉区混凝土开始脱落，墙体与基础缝隙达到 7mm。

（14）第 14 循环加载至 26mm，底部混凝土脱落继续增大，新裂缝继续产生。

（15）第 15 循环加载至 29mm，腹板两端角部混凝土脱落面积增大，墙体与基础缝隙达到 8mm。

（16）第 16 循环加载至 32mm，腹板两端角部混凝土脱落面积继续增大，承载力略有下降。

（17）第 17 循环加载至 36mm，各个角部混凝土脱落面积继续增大，翼缘底角处钢筋外露，墙翼缘底角处与基础间的缝隙达 10mm，扭转角度增大。

（18）第 18 循环加载至 40mm，墙底各角部钢筋均外露，受压钢筋压弯。

（19）第 19 循环加载至 44mm，腹板两端角部混凝土大面积脱落，钢筋压弯，承载力下降。

（20）第 20 循环加载至 48mm，承载力下降，混凝土脱落面积继续增大。

（21）第 21 循环加载至 52mm，承载力下降明显，边缘构造受拉纵筋拉断，试件破坏。

试件 SWZ-2 总结：在水平荷载加载过程中，当荷载达到 52kN 时，受拉区翼缘底角处出现可视裂缝；随着加载的进行，翼缘和腹板相继出现多条斜裂缝和水平裂缝，墙体各个底角处均出现裂缝并逐渐增大，裂缝基本集中在墙体下方，并且墙体在顺着翼缘方向存在较小的扭转角度；加载至 1/88 位移角时，达到极限荷载，裂缝延伸至墙顶，翼缘底角处与基础间的缝隙达 5mm；加载至 1/65 位移角时，腹板端角部混凝土脱落，墙翼缘底角处与基础间的缝隙达 7mm；加载至 1/40 位移角时，各个角部混凝土脱落面积增大，翼缘底角处钢筋外露，墙翼缘底角处与基础间的缝隙达 10mm，扭转角度增大；加载至 1/30 位移角时，翼缘角部暗柱纵向钢筋拉断。破坏时，剪力墙底部剪切滑移现象明显，最终表现为弯曲破坏特征，见图 4-6。

4. SWZX-2 的破坏特征

（1）第 1 循环无明显现象。

（2）第 2 循环正向加载至 55kN 时，受拉区翼缘底角出现第一条裂缝，裂缝宽度为 0.02mm。

（3）第 3 循环加载至 90kN，受拉区翼缘底部出现新裂缝，墙体与基础出现裂缝，最大裂缝宽度达到 0.06mm，水平位移达到 2mm，即位移角达到 1/750。

（4）第 4 循环加载至 120kN，受拉区翼缘底部裂缝延伸，水平位移达到 3mm。

图 4-6　SWZ-2 破坏形态

（a）最终腹板西面破坏形态；（b）最终腹板东面破坏形态；（c）最终翼缘北面破坏形态；

（d）最终翼缘南面破坏形态；（e）第 21 循环腹板南面角部破坏；（f）第 21 循环翼缘西面角部破坏

（5）第 5 循环开始采用位移控制，水平位移加载至 5mm，受拉区底部出现新裂缝并出现斜裂缝，最大裂缝宽度达到 0.08mm；随着荷载的加大，墙体裂缝主要集中在墙体底部。

（6）第 6 循环加载至 7mm，受拉区底部继续出现多条新裂缝，旧裂缝在翼缘和腹板底部延伸发展，最大裂缝宽度达到 0.1mm。

（7）第 7 循环加载至 9mm，受拉区底部出现多条斜裂缝，旧裂缝继续延伸，翼缘底角处与基础间的缝隙为 2mm。

（8）第 8 循环加载至 11mm，受拉区翼缘和腹板底部裂缝继续增多，出现交叉斜向裂缝，裂缝继续延伸。

（9）第 9 循环加载至 13mm，裂缝继续增多，最大裂缝宽度为 0.12mm。

（10）第 10 循环加载至 15mm，翼缘底角处与基础间的缝隙为 3mm，裂缝继续延伸。

（11）第 11 循环加载至 17mm，裂缝继续延伸，墙体在顺着翼缘方向存在较小的扭转角度。

（12）第 12 循环加载至 20mm，达到极限荷载，裂缝延伸至顶部，翼缘底角处与基础间的缝隙达 4mm。

（13）第 13 循环加载至 23mm，翼缘受压区角部混凝土压裂。

（14）第 14 循环加载至 26mm，腹板端角部混凝土脱落，翼缘底角处与基础间的缝隙达 5mm。

（15）第 15 循环加载至 29mm，腹板两端角部混凝土脱落面积增大，墙体与基础缝隙达到 6mm。

（16）第 16 循环加载至 32mm，腹板两端角部混凝土脱落面积继续增大。

（17）第 17 循环加载至 36mm，各个角部混凝土脱落面积增大，翼缘底角处钢筋外露，墙翼缘底角处与基础间的缝隙达 9mm，扭转角度增大。

（18）第 18 循环加载至 40mm，受压钢筋压弯，承载力略有下降。

（19）第 19 循环加载至 44mm，腹板两端角部混凝土继续脱落，外露钢筋根数增加，外露钢筋面积增大。

（20）第 20 循环加载至 48mm，承载力下降，混凝土脱落面积继续增大。

（21）第 21 循环加载至 52mm，混凝土大面积脱落，受压区翼缘底角钢筋压曲，受拉区翼缘底角外露 3 根受拉纵筋，承载力下降明显，试件破坏。

试件 SWZX-2 总结：与试件 SWZ-2 相似，当荷载达到 55kN 时，受拉区翼缘底角处出现可视裂缝；随着加载的进行，翼缘和腹板相继出现多条斜裂缝和水平裂缝，墙体各个底角处均出现裂缝并逐渐增大，裂缝基本集中在墙体下方，并且墙体在顺着翼缘方向存在较小的扭转角度；加载至 1/75 位移角时，达到极限荷载，裂缝延伸至顶部，翼缘底角处与基础间的缝隙达 4mm；加载至 1/55 位移角时，腹板端角部混凝土脱落，翼缘底角处与基础间的缝隙达 5mm；加载至 1/40 位移角时，各个角部混凝土脱落面积增大，翼缘底角处钢筋外露，墙翼缘底角处与基础间的缝隙达 9mm，扭转角度增大；加载至 1/30 位移角时，混凝土大面积脱落，受压区翼缘底角钢筋压曲，受拉区翼缘底角外露 3 根受拉纵筋。最终表现为弯曲破坏特征，见图 4-7。因为斜筋有效地限制了墙体底部水平剪切滑移，提高了墙底的抗剪切滑移能力，致使墙体其他部位的剪切斜裂缝发展较充分，使得其裂缝数量相对于 SWZ-2 较多，裂缝角度有向交叉斜筋角度逼近趋势。

图 4-7　SWZX-2 破坏形态

（a）最终腹板西面破坏形态；（b）最终腹板东面破坏形态；（c）最终翼缘北面破坏形态；
（d）最终翼缘南面破坏形态；（e）第 21 循环翼缘西面角部破坏；（f）第 21 循环腹板南面角部破坏

5. SW 的破坏特征

试件 SW：同 BW 一样，其最终破坏呈典型的配筋砌体剪切破坏特征，见图 4-8。

图 4-8　SW 的破坏形态

4.2　钢筋应变分析

4.2.1　实测钢筋应变滞回曲线

1. SWZ-1 钢筋应变及分析

试件 SWZ-1 布置了 3 个暗柱纵筋应变片 ZZ1、ZZ2、ZZ3，实测应变滞回曲线如图 4-9（a）～图 4-9（c）所示；6 个剪力墙竖向分布钢筋应变片 FBZ1～FBZ6，实测应变滞回曲线如图 4-9（d）～图 4-9（g）所示；1 个剪力墙水平分布钢筋应变片 FBH1，实测应变滞回曲线如图 4-9（h）所示。

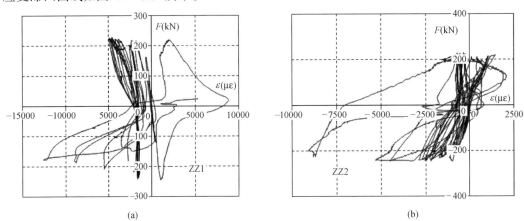

图 4-9　SWZ-1 部分钢筋应变滞回曲线图（一）

（a）ZZ1 应变滞回曲线；（b）ZZ2 应变滞回曲线

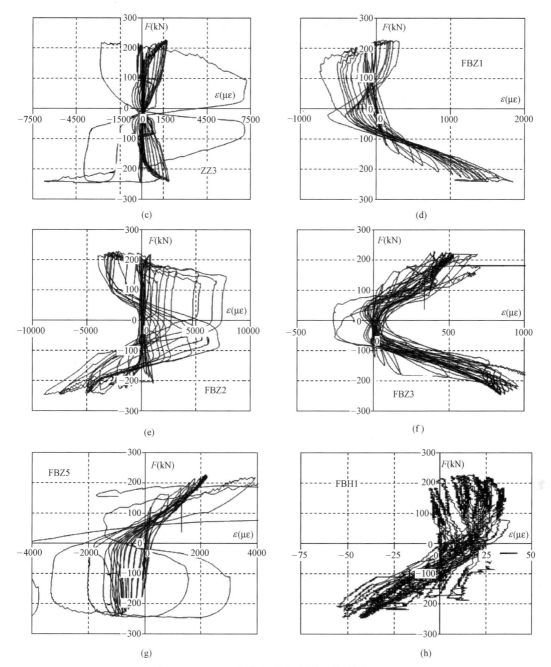

图 4-9　SWZ-1 部分钢筋应变滞回曲线图（二）

（c）ZZ3 应变滞回曲线；（d）FBZ1 应变滞回曲线；（e）FBZ2 应变滞回曲线；

（f）FBZ3 应变滞回曲线；（g）FBZ5 应变滞回曲线；（h）FBH1 应变滞回曲线

2. SWZX-1 钢筋应变及分析

试件 SWZX-1 布置了 3 个暗柱纵筋应变片 ZZ1、ZZ2、ZZ3，实测应变滞回曲线如图 4-10（a）~图 4-10（c）所示；5 个剪力墙竖向分布钢筋应变片 FBZ1~FBZ5，实测应变滞回曲线如图 4-10（d）~图 4-10（h）所示；1 个剪力墙水平分布钢筋应变片 FBH1；

8个斜向钢筋应变，实测应变滞回曲线如图 4-10（i）～图 4-10（p）所示。

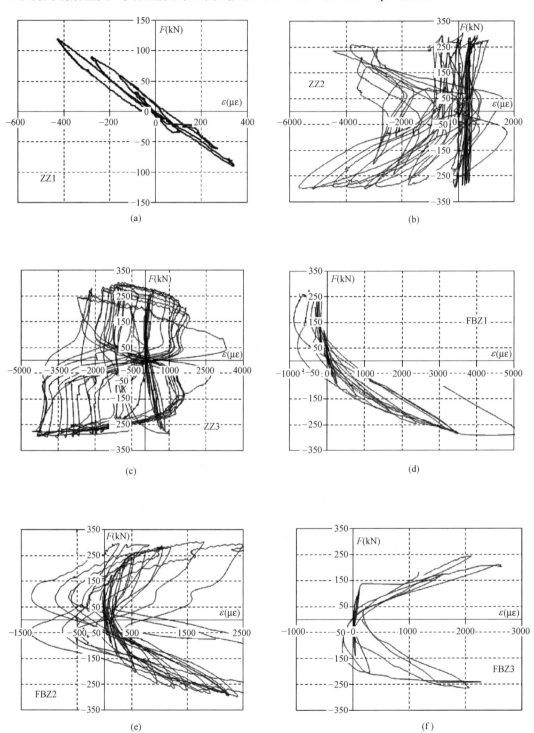

图 4-10 SWZX-1 部分钢筋应变滞回曲线图（一）

（a）ZZ1 应变滞回曲线；（b）ZZ2 应变滞回曲线；（c）ZZ3 应变滞回曲线；
（d）FBZ1 应变滞回曲线；（e）FBZ2 应变滞回曲线；（f）FBZ3 应变滞回曲线

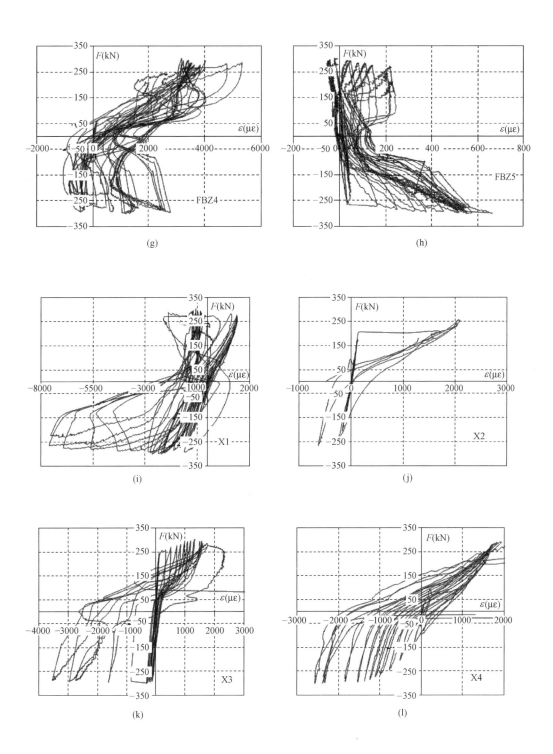

图 4-10　SWZX-1 部分钢筋应变滞回曲线图（二）

（g）FBZ4 应变滞回曲线；（h）FBZ5 应变滞回曲线；（i）X1 应变滞回曲线；（j）X2 应变滞回曲线；

（k）X3 应变滞回曲线；（l）X4 应变滞回曲线

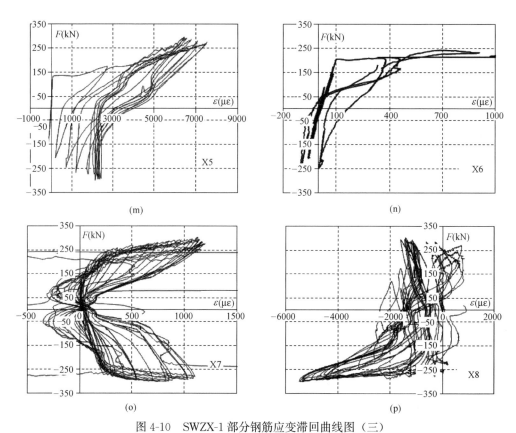

(m)　　　　　　　　　　　　　　　　(n)

图 4-10　SWZX-1 部分钢筋应变滞回曲线图（三）

（m）X5 应变滞回曲线；（n）X6 应变滞回曲线；（o）X7 应变滞回曲线；（p）X8 应变滞回曲线

3. SWZ-2 钢筋应变及分析

试件 SWZ-2 布置了 4 个暗柱纵筋应变片 ZZ1、ZZ2、ZZ3、ZZ4，实测应变滞回曲线如图 4-11（a）～图 4-11（c）所示；5 个剪力墙竖向分布钢筋应变片 FBZ1～FBZ5，实测应变滞回曲线如图 4-11（d）～图 4-11（f）所示；1 个剪力墙水平分布钢筋应变片 FBH1，实测应变滞回曲线如图 4-11（g）所示。

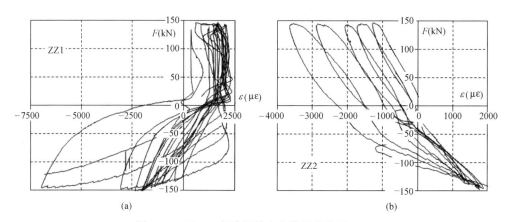

(a)　　　　　　　　　　　　　　　　(b)

图 4-11　SWZ-2 部分钢筋应变滞回曲线图（一）

（a）ZZ1 应变滞回曲线；（b）ZZ2 应变滞回曲线

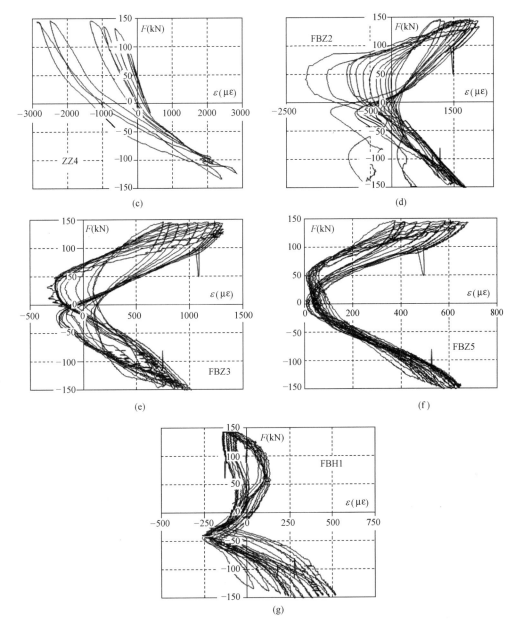

图 4-11 SWZ-2 部分钢筋应变滞回曲线图（二）

(c) ZZ4 应变滞回曲线；（d) FBZ2 应变滞回曲线；（e) FBZ3 应变滞回曲线；

(f) FBZ5 应变滞回曲线；（g) FBH1 应变滞回曲线

4. SWZX-2 钢筋应变及分析

试件 SWZX-2 布置了 4 个暗柱纵筋应变片 ZZ1、ZZ2、ZZ3、ZZ4，实测应变滞回曲线如图 4-12（a）～图 4-12（d）所示；5 个剪力墙竖向分布钢筋应变片 FBZ1～FBZ5，实测应变滞回曲线如图 4-12（e）～图 4-12（i）所示；1 个剪力墙水平分布钢筋应变片 FBH1，实测应变滞回曲线如图 4-12（j）所示；6 个斜向钢筋应变，实测应变滞回曲线如图 4-12（k）～图 4-12（p）所示。

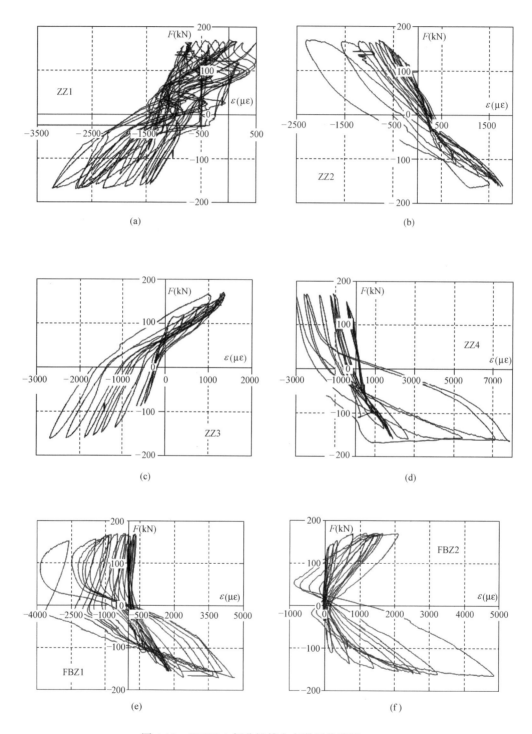

图 4-12　SWZX-2 部分钢筋应变滞回曲线图（一）

（a）ZZ1 应变滞回曲线；（b）ZZ2 应变滞回曲线；（c）ZZ3 应变滞回曲线；

（d）ZZ4 应变滞回曲线；（e）FBZ1 应变滞回曲线；（f）FBZ2 应变滞回曲线

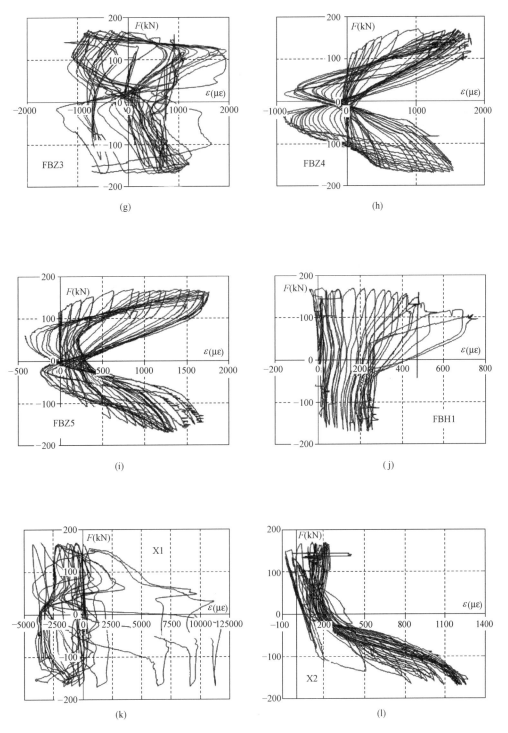

图 4-12 SWZX-2 部分钢筋应变滞回曲线图（二）

（g）FBZ3 应变滞回曲线；（h）FBZ4 应变滞回曲线；（i）FBZ5 应变滞回曲线；

（j）FBH1 应变滞回曲线；（k）X1 应变滞回曲线；（l）X2 应变滞回曲线

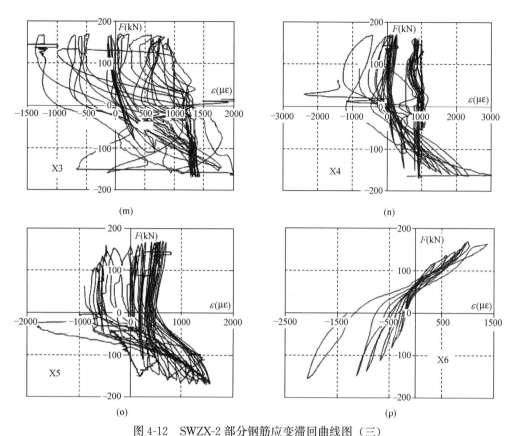

图 4-12　SWZX-2 部分钢筋应变滞回曲线图（三）
（m）X3 应变滞回曲线；（n）X4 应变滞回曲线；（o）X5 应变滞回曲线；（p）X6 应变滞回曲线

4.2.2　实测钢筋应变对比分析

取各试件同一位置处的测点应变做对比分析。

图 4-13（a）为 SWZ-1 剪力墙腹板底部同一位置处边缘构造钢筋和纵向分布钢筋测点在第 2～4 循环时应变滞回曲线对比图。

图 4-13（b）为 SWZ-2 剪力墙翼缘中部同一位置处水平钢筋和纵向钢筋测点在第 5、6 循环时应变滞回曲线对比图。

图 4-13（c）为 SWZ-2 剪力墙翼缘底部同一位置处边缘构造钢筋和纵向分布钢筋测点在第 5～7 循环时应变滞回曲线对比图。

图 4-14（a）为 SWZX-1 剪力墙腹板中部同一位置处纵向分布钢筋和斜向钢筋测点在第 7～9 循环时应变滞回曲线对比图。

图 4-14（b）为 SWZX-1 剪力墙腹板底部同一位置处边缘构造钢筋、纵向分布钢筋和斜向钢筋测点在第 1、2 循环时应变滞回曲线对比图。

图 4-15（a）为 SWZX-2 剪力墙翼缘中部同一位置处水平分布钢筋、纵向分布钢筋测点和斜筋在第 5～7 循环时应变滞回曲线对比图。

图 4-15（b）为 SWZX-2 剪力墙翼缘底部同一位置处边缘构造钢筋、纵向分布钢筋和斜向钢筋测点在第 5～7 循环时应变滞回曲线对比图。

由图 4-14 和图 4-15 可见，在弯矩最大的 Z 形截面剪力墙墙体底部，钢筋应变速度由外向内依次减弱；在墙体中部，斜筋的应变发展最快，表明斜筋是剪力墙体中抗剪的第一道防线，可有效地控制斜裂缝的开展，增强墙体的耗能能力。

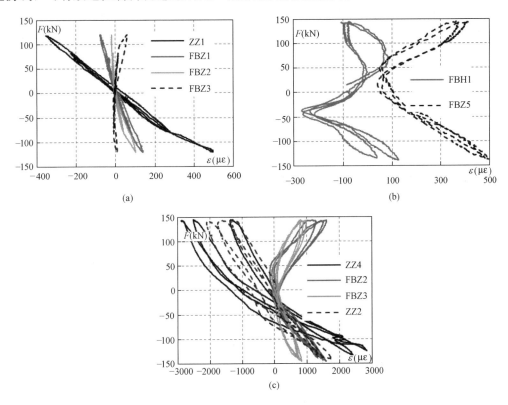

图 4-13　SWZ-1、SWZ-2 钢筋测点应变比较
（a）SWZ-1 墙体腹板底部应变滞回曲线比较；（b）SWZ-2 墙体翼缘中部应变滞回曲线比较；
（c）SWZ-2 墙体翼缘底部应变滞回曲线比较

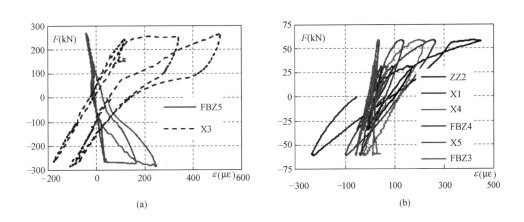

图 4-14　SWZX-1 钢筋测点应变比较
（a）SWZX-1 墙体腹板中部应变滞回曲线比较；（b）SWZX-1 墙体腹板底部应变滞回曲线比较

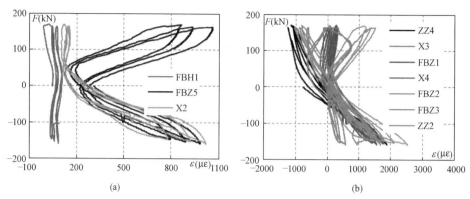

图 4-15　SWZX-2 钢筋测点应变比较

（a）SWZX-2 墙体翼缘中部应变滞回曲线比较；（b）SWZX-2 墙体翼缘底部应变滞回曲线比较

4.3　本章小结

本章进行了 4 个剪跨比为 1.5 的单排配筋 Z 形截面剪力墙试件的抗震性能试验，并对试验结果进行了对比分析，包括剪力墙试件的承载力、延性、刚度及其衰减过程、耗能能力、破坏特征和钢筋应变等。

试验分析表明：在相同混凝土强度等级下，在单排配筋混凝土 Z 形截面剪力墙中设置斜筋，可有效限制其基底剪切滑移和墙体斜裂缝开展，可明显提高其承载力和耗能能力，并且腹板方向的延性提高明显，但翼缘方向的延性提高不明显。

带斜筋单排配筋T形剪力墙沿腹板方向抗震试验研究

5.1 试验结果及分析

5.1.1 承载力实测值及分析

试件的明显开裂荷载、正负两方向屈服荷载、极限荷载的实测值及其比值见表 5-1。其中：F_c 为明显开裂荷载；F_y 为屈服荷载；F_u 为极限荷载。

开裂荷载、屈服荷载、极限荷载实测值　　　　　　　　　表 5-1

模型	F_c(kN)	F_c 比值	F_y				F_u			
			正向(kN)	比值	负向(kN)	比值	正向(kN)	比值	负向(kN)	比值
SWT-1	78.81	1.000	269.07	1.000	−144.16	1.000	339.92	1.000	−179.98	1.000
SWTX-1	83.42	1.058	311.90	1.159	−145.20	1.007	401.99	1.183	−181.14	1.006

由表 5-1 可见：

（1）沿腹板方向加载的 T 形剪力墙，因截面不对称，正负两向承载力不相等，正向明显高于负向。

（2）相同墙体配筋率条件下，正向加载时，SWTX-1 与 SWT-1 相比，开裂荷载、屈服荷载和极限荷载分别提高了 5.8％、15.9％ 和 18.3％；负向加载时，SWTX-1 与 SWT-1 相比，屈服荷载和极限荷载略有提高，说明交叉斜筋能有效地提高单排配筋 T 形截面剪力墙的承载力。

5.1.2 刚度实测值及分析

试件各阶段的刚度实测值见表 5-2。其中：K_o 为初始弹性刚度；K_c 为明显开裂割线刚度；K_y 为屈服割线刚度；$\beta_{co}=K_c/K_o$，$\beta_{yc}=K_y/K_c$，$\beta_{yo}=K_y/K_o$，为不同阶段的刚度衰减系数。试件的"刚度 K-位移角 θ"关系曲线如图 2-6 所示。

各阶段刚度实测值　　　　　　　　　　　　　　表 5-2

模型	K_o (kN/mm)	K_c (kN/mm)	K_y(kN/mm)		β_{co}	β_{yc}		β_{yo}	
			正向	负向		正向	负向	正向	负向
SWT-1	224.95	89.56	63.61	49.88	0.39	0.71	0.56	0.28	0.22
SWTX-1	220.12	89.70	81.86	53.98	0.41	0.91	0.60	0.37	0.25

由表 5-2 和图 5-1 可见：

（1）2 个剪力墙模型的初始刚度基本相同，说明初始刚度主要由混凝土强度和试件尺寸决定。

（2）由于 T 形剪力墙截面的不对称性，正向加载方向的刚度衰减慢些，负向加载方向的刚度衰减稍快些。

（3）试件 SWTX-1 与 SWT-1 相比，其 K_c、K_y、β_{co}、β_{yo} 值有所提高，说明交叉斜筋的存在能够限制裂缝的发展，使剪力墙的刚度衰减变慢，对抗震有利。

（4）2 个剪力墙模型的刚度衰减规律基本一致。

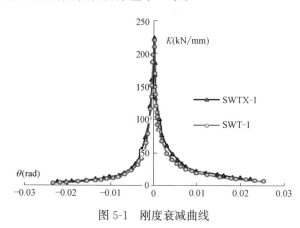

图 5-1　刚度衰减曲线

5.1.3　延性性能分析

试件水平位移及其延性系数实测值见表 5-3。表中：U_c 为开裂位移；U_y 为屈服位移；U_d 为弹塑性最大位移（水平荷载降低至极限荷载的 85% 时所对应的位移）；θ_P 为弹塑性最大位移角；μ 为延性系数（$\mu=U_d/U_y$）。

位移与延性系数实测值　　　　　　　　　　　　表 5-3

模型	U_c (mm)	比值	U_y				U_d				θ_P	μ	
			正向 (mm)	比值	负向 (mm)	比值	正向 (mm)	比值	负向 (mm)	比值		正向	负向
SWT-1	0.88	1.00	4.23	1.00	2.89	1.00	37.34	1.00	35.76	1.00	1/40	8.24	12.37
SWTX-1	0.93	1.06	3.81	1.14	2.69	0.93	34.57	0.93	32.29	0.90	1/43	9.08	12.00

由表 5-3 可见：

（1）2 个剪力墙模型，在正负两向加载时，其延性系数均比较大，说明单排配筋 T 形截面剪力墙的延性较好。

（2）SWTX-1 与 SWT-1 相比，μ 在正向有所提高，负向接近，说明交叉斜筋对单排配筋 T 形截面剪力墙腹板方向的延性有一定的改善作用。

5.1.4　滞回特性及耗能能力分析

图 5-2 为 2 个剪力墙模型的实测"水平荷载 F-水平位移 U"滞回曲线。其各滞回环所包含的面积的累积反映了剪力墙抗震耗能量的大小，按实测所得滞回曲线计算的 2 个模型的累积耗能量见表 5-4（取相同的滞回环数）。图 5-3 为 2 个剪力墙模型的骨架曲线比较。图 5-4 为两试件 E_p-U 曲线，反映了在不同水平位移下所对应耗能量的大小。

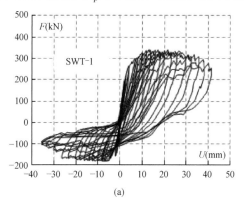
(a)

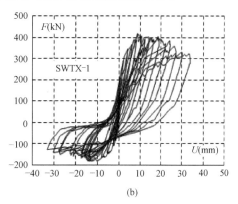
(b)

图 5-2　"水平力 F-顶层水平位移 U"滞回曲线

（a）SWT-2；（b）SWTX-2

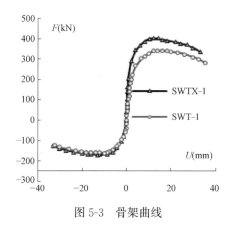

图 5-3　骨架曲线

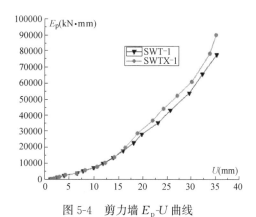

图 5-4　剪力墙 E_p-U 曲线

剪力墙的耗能能力也可用等效黏滞阻尼系数 h_e 来评价，其计算示意图如图 5-5 所示，计算式为：

$$h_e = \frac{S_{(CBA+CDA)}}{2\pi S_{(EOB+FOD)}} \tag{5-1}$$

其中，$S_{(CBA+CDA)}$ 为滞回环的面积（图 5-5），代表了剪力墙在一个循环过程中所耗散能量的相对值；$S_{(EOB+FOD)}$ 为与该剪力墙相同的线弹性体系所消耗能量的相对值。计算结果列于表 2-5 中。

图 5-2～图 5-4 及表 5-4 表明：SWTX-1 与 SWT-1

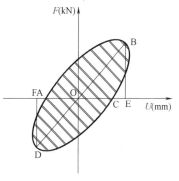

图 5-5　h_e 计算示意图

相比，等效黏滞阻尼系数增大，累计耗能提高了 16.0%，说明斜筋对阻止 T 形截面单排配筋剪力墙腹板方向的底部剪切滑移起有利作用，使其在该方向的滞回环相对饱满，承载力提高，耗能能力增大。

<table>
<tr><td colspan="3" align="center">耗能实测值</td><td align="right">表 5-4</td></tr>
<tr><td>试件编号</td><td>等效黏滞阻尼系数 h_e</td><td>累计耗能(kN·mm)</td><td>耗能比值</td></tr>
<tr><td>SWT-1</td><td>0.168</td><td>77563.135</td><td>1.000</td></tr>
<tr><td>SWTX-1</td><td>0.176</td><td>89976.268</td><td>1.160</td></tr>
</table>

5.1.5 破坏特征分析

1. SWT-1 破坏过程（SWT-1 裂缝开展见图 5-6）

（1）第 1 循环初期，试件基本处于弹性阶段，直至腹板负向加载到 79kN 时，腹板受拉端墙脚侧面距基础 5cm 处出现第一条斜裂缝，宽度 0.04mm，并延伸至基础。

（2）第 2 循环，腹板负向加载 140kN 时受拉区墙根部与基础交接处被拉开，第一条裂缝水平延伸至墙端部。

（3）第 3 循环，负向加载到 129kN 时，翼缘内侧距基础 20mm 高度处出现水平裂缝。

（4）第 4 循环，正向加载到 260kN 时，翼缘端部距基础 20cm 处出现水平裂缝，后期，翼缘与腹板交接处出现竖向裂缝，腹板受拉区端部距基础 3cm 出现水平裂缝，第一条水平裂缝宽度增至 0.2mm。

（5）第 5 循环，正向加载到 300kN 时，腹板左侧翼缘距基础 7cm 处出现水平裂缝延伸至腹板，同时腹板右侧翼缘裂缝不断延伸至侧面，裂缝宽度不断增大。

（6）第 6 循环，随着荷载的增加，翼缘水平裂缝逐渐贯通，正向加载到 316kN 时，腹板端部混凝土竖向裂缝延伸高度为 3cm，翼缘根部与基础交接处被拔起 6mm；负向加载到 170kN 时，翼缘端部出现竖向裂缝，腹板根部与基础交接处被拔起 10mm。

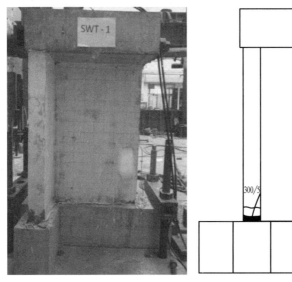

图 5-6　SWT-1 破坏形态

（7）第 7 循环正向加载到 333kN 时，翼缘距基础高度 9cm、20cm 处各出现一条水平裂缝，前几循环出现的裂缝不断加宽。

（8）第 8 循环正向加载至 333kN 时，不再有新的裂缝出现，腹板端部混凝土压酥，石子脱落，钢筋外漏；负向加载到 178kN 时，腹板端部混凝土开始脱落，翼缘端部混凝土压酥。

（9）随着循环加载次数的不断增多，最后腹板受压区混凝土较大面积压碎，暗柱纵筋拉断，翼缘端部混凝土脱落高度至 13cm，试件达到严重破坏状态。

2. SWTX-1 破坏过程（SWTX-1 裂缝开展见图 5-7）

（1）第 1 循环初期，试件基本处于弹性阶段，直至负向加载到 83kN 时，腹板受拉端墙脚侧面距基础 10cm 处出现第一条斜裂缝，宽度 0.04mm，并斜向下延伸至基础。

（2）第 2 循环，正向加载到 200kN 时，翼缘端部距基础 4cm 处开始出现水平裂缝。

（3）第 3 循环，腹板负向加载 140kN 时受拉区墙根部与基础交接处被拉开，第一条裂缝水平延伸至墙端部并向侧面倾斜伸至基础。

（4）第 4 循环正向加载到 288kN 时，翼缘距基础 10cm 出现第 2d 水平裂缝，并向两侧延伸，同时翼缘与腹板交接处出现斜裂缝。腹板端部第一条裂缝不断加宽。

（5）第 5 循环正向加载至 340kN 时，翼缘端部距基础 33cm 高度处出现水平裂缝并斜向下延伸与翼缘和腹板交接处裂缝贯通，同时，翼缘距基础 9cm 处出现水平裂缝。

（6）第 6 循环，正向加载至 360kN 时，翼缘端部出现多条水平裂缝并逐渐贯通。

（7）第 7 循环，正向加载到 371kN 时，腹板受压区端部出现竖向裂缝，受拉区裂缝宽度不断加大。

（8）第 8 循环，当荷载增至 401kN 时，受压区混凝土墙角部位压酥，压酥高度达 8cm，暗柱纵筋外露并屈曲，翼缘水平贯通裂缝宽度增至 3mm。

（9）随着循环加载次数的不断增多，最后受压区混凝土较大面积压碎，暗柱纵筋拉断，试件达到严重破坏状态。

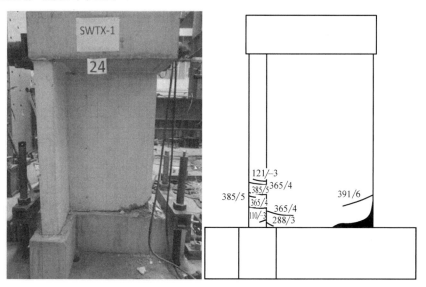

图 5-7　SWTX-1 破坏形态

2个剪力墙最终破坏照片及其裂缝开展情况见图 5-6 和图 5-7。由图 5-6 和图 5-7
可见：

（1）两个试件的腹板最终破坏均呈弯曲破坏特征。

（2）试件 SWTX-1 与 SWT-1 相比，裂缝较多，塑性铰域增高。

5.1.6　实测应变及分析

试件中钢筋应变大小及其变化规律反映了构件的受力状态和横截面应力分布情况，下
面分别对其实测应变进行分析。

（1）SWT-1 钢筋应变

构件 SWT-1 布置了三角形暗柱纵筋应变（ZZi），剪力墙内纵向钢筋应变（FBZi）、
水平钢筋应变（FBHi）。部分实测应变滞回曲线见图 5-8。其中，图 5-8（a）～图 5-8（d）
为三角形暗柱纵筋应变；图 5-8（e）～图 5-8（h）为纵向分布钢筋应变；图 5-8（i）为水
平分布钢筋应变。图 5-8（j）为试件 SWT-1 钢筋应变曲线比较图。

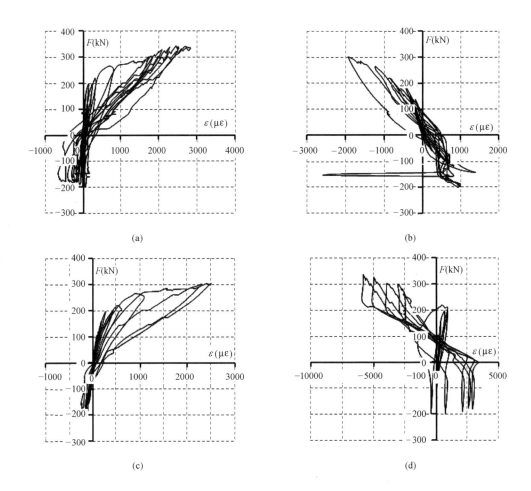

图 5-8　SWT-1 "F-ε" 滞回曲线图（一）
（a）ZZ1；（b）ZZ3；（c）ZZ4；（d）ZZ5

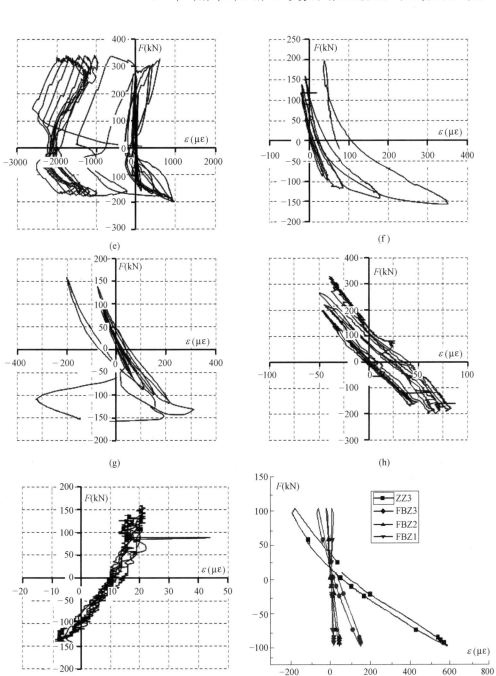

图 5-8 SWT-1 "F-ε" 滞回曲线图（二）

（e）FBZ1；（f）FBZ2；（g）FBZ3；（h）FBZ4；（i）FBH1；（j）SWT-1 应变比较图

由图 5-8 可见：在墙肢底部，最外侧暗柱纵筋应变最大，由外向内钢筋应变依次减小，荷载至极限荷载时，剪力墙边缘构件纵筋屈服程度很大，说明边缘构件纵筋作为第一道防线，在提高剪力墙抗震承载力，增强抗震耗能中起重要作用。

（2）SWTX-1 钢筋应变

构件 SWTX-1 布置了三角形暗柱纵筋应变（ZZi），剪力墙内纵向钢筋应变（FBZi），水平钢筋应变（FBHi），斜筋应变（Xi）。部分实测应变滞回曲线见图 5-9。其中，图 5-9（a）～图 5-9（c）为三角形暗柱纵筋应变；图 5-9（d）～图 5-9（g）为交叉钢筋应变；图 5-9（h）～图 5-9（i）为纵向分布钢筋应变。图 5-9（j）为 SWTX-1 各钢筋应变曲线比较图。

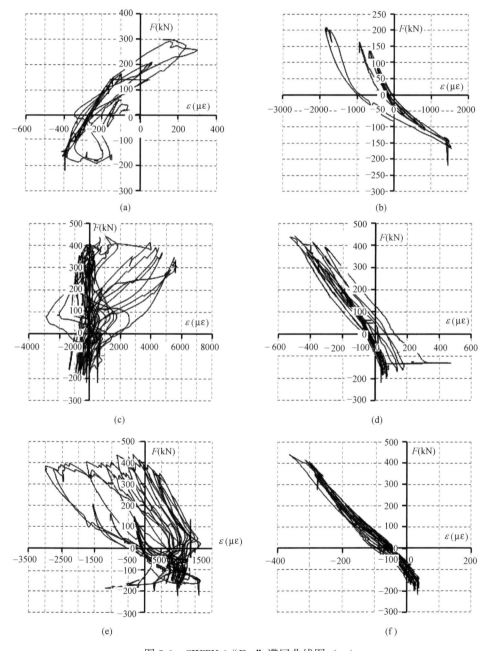

图 5-9　SWTX-1 "F-ε" 滞回曲线图（一）

(a) ZZ1；(b) ZZ2；(c) ZZ5；(d) X2；(e) X3；(f) X5

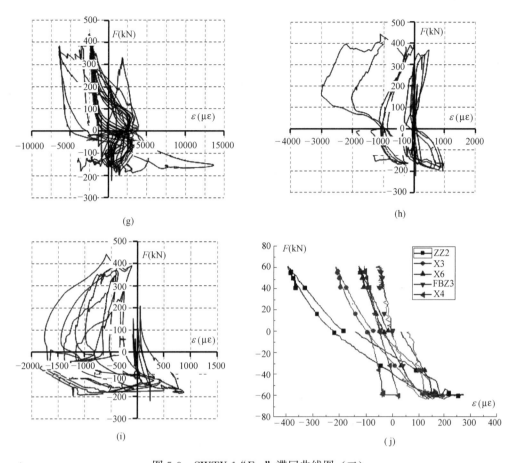

图 5-9　SWTX-1"F-ε"滞回曲线图（二）

(g) X6；(h) FBZ1；(i) FBZ2；(j) SWTX-1 应变比较图

由图 5-9 可见：

（1）在墙肢底部，最外侧暗柱纵筋应变最大，由外向内钢筋应变依次减小。

（2）当最外侧暗柱纵筋屈服后，斜筋作为第一道防线，在提高剪力墙抗震承载力、增强抗震耗能中起重要作用。

5.2　本章小结

本章进行了 2 个 T 形截面剪力墙沿腹板方向的低周反复荷载试验，通过对比分析试验结果，可得到如下结论：

（1）在配筋量不变条件下，布置斜筋可使单排配筋 T 形截面混凝土剪力墙的承载力、延性明显提高。

（2）带斜筋单排配筋 T 形截面混凝土剪力墙中的斜筋，可增强剪力墙的抗剪切性能，使其耗能能力提高。

（3）带斜筋单排配筋 T 形截面混凝土剪力墙构造简单，施工方便，抗震性能好，可以更好地满足多层住宅结构的设计要求。

带斜筋单排配筋T形剪力墙沿翼缘方向抗震试验研究

6.1 试验结果及分析

6.1.1 承载力实测值及分析

各试件的明显开裂荷载、屈服荷载、极限荷载的实测值见表6-1。其中：F_c 为明显开裂水平荷载，F_y 为屈服水平荷载，F_u 为极限水平荷载。分析过程中，F_y 和 F_u 均取正负两向加载均值。屈服荷载 F_y 的确定采用能量等值法计算，并经过破坏荷载法验证。

开裂荷载、屈服荷载、极限荷载实测值   表 6-1

| 模型 | F_c(kN) | F_c 比值 | F_y | | | F_y 比值 | F_u | | | F_u 比值 |
			正向 (kN)	负向 (kN)	均值 (kN)		正向 (kN)	负向 (kN)	均值 (kN)	
SWT-2	93.46	1.000	155.7	160.2	158.0	1.000	211.4	213.3	212.3	1.000
SWTX-2	102.6	1.098	197.6	188.9	193.2	1.221	257.5	233.8	245.6	1.157

由表6-1可见，相同墙体配筋率下，SWTX-2与SWT-2相比，开裂荷载、屈服荷载和极限荷载分别提高了9.8%、22.1%和15.7%，说明交叉斜筋有效地限制了斜裂缝的发展，提高了构件的承载力。

6.1.2 刚度实测值及分析

试件各阶段的刚度实测值及其退化系数见表6-2。其中：K_0 为正负两向初始弹性刚度均值，K_c 为正负两向明显开裂割线刚度均值，K_y 为正负两向明显屈服割线刚度均值，$\beta_{co}=K_c/K_0$ 为剪力墙从初始弹性到明显开裂的刚度衰减系数，$\beta_{yc}=K_y/K_c$ 为剪力墙从明显开裂到屈服的刚度衰减系数；$\beta_{yo}=K_y/K_0$ 为剪力墙从初始弹性到屈服的刚度衰减系数。试件的"刚度 K-位移角 θ"关系曲线如图6-1所示。

各阶段刚度实测值　　　　　　　　　　　　表 6-2

试件编号	K_o(kN/mm)	K_c(kN/mm)	K_y(kN/mm)	β_{co}	β_{yc}	β_{yo}
SWT-2	198.68	54.65	30.03	0.26	0.55	0.15
SWTX-2	200.12	62.59	35.78	0.31	0.57	0.19

由表 6-2、图 6-1 可知见：

（1）2 个试件的初始刚度基本相同，说明初始刚度主要由混凝土强度和试件尺寸决定。

（2）试件 SWTX-2 与 SWT-2 相比，其 K_c、K_y、β_{co}、β_{yo} 值明显增大，说明交叉斜筋的存在约束了裂缝的发展，使剪力墙的刚度衰减变慢，有利于抗震。

（3）2 个试件的刚度衰减规律一致，大致分三阶段：从初始弹性到肉眼可见裂缝为刚度速降阶段；从试件明显开裂到屈服为刚度次降阶段；从屈服到最大弹塑性位移为刚度缓降阶段。

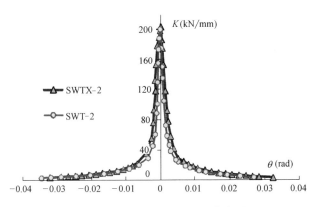

图 6-1　"刚度-位移角"关系曲线图

6.1.3　延性性能分析

各试件的位移和延性系数实测值见表 6-3。其中：U_c 为明显开裂水平荷载对应的开裂位移，U_y 为屈服水平荷载对应的屈服位移，U_d 为水平荷载下降到极限荷载的 85% 时对应的弹塑性最大位移，θ_P 为弹塑性最大位移角，μ 为延性系数。分析过程中，U_y 和 U_d 均取正负两向位移均值。

位移与延性系数实测值　　　　　　　　　　表 6-3

试件编号	U_c(mm)	U_c比值	U_y 正向(mm)	U_y 负向(mm)	U_y 均值(mm)	U_y比值	U_d 正向(mm)	U_d 负向(mm)	U_d 均值(mm)	U_d比值	θ_P	μ
SWT-2	1.71	1.000	4.84	5.67	5.26	1.000	35.67	40.77	38.22	1.000	1/39	7.27
SWTX-2	1.64	0.959	5.10	5.69	5.40	1.027	37.32	42.23	39.78	1.041	1/38	7.37

由表 6-3 可见，SWTX-2 与 SWT-2 相比，开裂位移小些，屈服位移和弹塑性最大位移大些。这表明在相同墙体配筋率下，带交叉斜筋的 T 形截面单排配筋剪力墙翼缘方向的变形能力有所改善。

6.1.4 滞回特性及耗能能力分析

图 6-2 为 2 个试件实测的"水平荷载 F-水平位移 U"滞回曲线,图 6-3 为其骨架曲线比较。图 6-4 为两试件 E_p-U 曲线,反映了在不同水平位移下所对应耗能量的大小。

滞回曲线能综合反映剪力墙的承载力、变形、刚度衰减和耗能能力等抗震性能,其各滞回环所包含的面积累积反映剪力墙弹塑性耗能量的大小,按实测滞回曲线计算所得 2 个试件的累积耗能量见表 6-4。

剪力墙的耗能能力也可用等效黏滞阻尼系数 h_e 来评价,对 2 个试件极限荷载点所在滞回环进行计算,得到相应的等效黏滞阻尼系数列于表 6-4。

由图 6-2~图 6-4 和表 6-4 可见:

(1) SWTX-2 的等效黏滞阻尼系数比试件 SWT-2 大,说明交叉斜筋能有效阻止 T 形截面单排配筋剪力墙翼缘方向的底部剪切滑移,使其在该方向的滞回性能相对饱满,承载力提高,增大了耗能能力。

(2) SWTX-2 与 SWT-2 相比,累计耗能提高了 19.1%,表明交叉斜筋对提高 T 形截面单排配筋剪力墙翼缘方向抗震性能的作用明显。

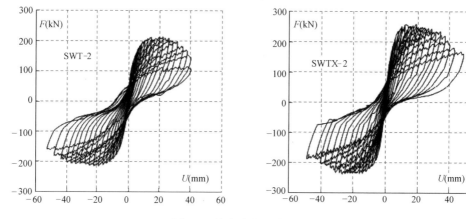

图 6-2　剪力墙实测滞回曲线

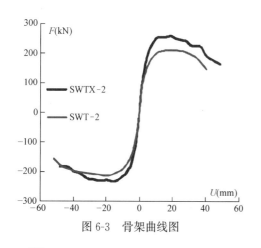

图 6-3　骨架曲线图

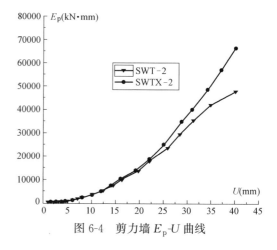

图 6-4　剪力墙 E_p-U 曲线

耗能实测值			表 6-4
试件编号	等效黏滞阻尼系数 h_e	累计耗能(kN·mm)	相对值
SWT-2	0.148	47803.244	1.000
SWTX-2	0.166	56940.245	1.191

6.1.5 破坏特征分析

1. SWT-2 破坏过程（图 6-5、图 6-6）

（1）第 1 循环初期，试件基本处于弹性阶段，直至加载到 93.46kN 时，翼缘受拉端距基础 30cm 处出现第一条水平裂缝，宽度 0.06mm，并向两侧延伸。

（2）第 2 循环正向加载到 127kN 时，第一条水平裂缝水平延伸约 10cm；负向加载 115kN 时受拉区距基础高度 7cm 处出现 45°斜裂缝并延伸至基础。

（3）第 3 循环，翼缘负向加载 120kN 时受拉区墙脚出现水平裂缝，第一条水平裂缝延伸至腹板，第三循环后期，负向加载 160kN 时，翼缘受拉端距基础约 40cm 处出现水平裂缝并向两侧延伸。

（4）第 4 循环，腹板端部距基础 10cm 处出现水平裂缝，翼缘水平裂缝增多，裂缝宽度不断增大。

（5）第 5 循环，正向加载到 160kN 时，翼缘端部距基础 22cm 处出现水平裂缝；负向加载到 190kN 时，翼缘距基础 40cm 处出现水平裂缝，同时已经出现的裂缝不断延伸，裂缝宽度不断加宽。

（6）第 6 循环，随着荷载的增加，裂缝不断增多，腹板裂缝与翼缘裂缝逐渐贯通。

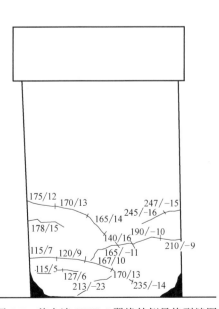

图 6-5 剪力墙 SWT-2 翼缘外侧最终裂缝图

图 6-6 剪力墙 SWT-2 破坏照

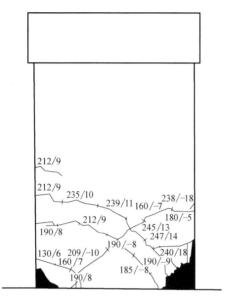

图 6-7 剪力墙 SWTX-2 翼缘外侧最终裂缝图

图 6-8 剪力墙 SWTX-2 破坏照片

（7）第 7 循环，正向加载到 195kN 时，受压区端部出现竖向裂缝，裂缝最大宽度增至 3mm。

（8）第 8 循环，随着荷载的增加，翼缘两端均出现竖向裂缝，受压区混凝土墙角部位压酥，暗柱纵筋外露并屈曲，受拉区混凝土脱落。

（9）第 9 循环，随着循环加载次数的不断增多，最后受压区混凝土较大面积压碎，暗柱纵筋拉断，试件达到严重破坏状态。

2. SWTX-2 破坏过程（图 6-7、图 6-8）

（1）第 1 循环初期，试件基本处于弹性阶段，直至加载到 102kN 时，翼缘受拉端距基础 16cm 处出现第一条水平裂缝，宽度 0.04mm，并向两侧延伸。

（2）第 2 循环正向加载到 145KN 时，翼缘受拉端端部距基础 40cm 处出现水平裂缝并向两侧延伸，同时第一条水平裂缝斜向下延伸至基础；负向加载到 145kN 时翼缘受拉区端部距基础 50cm 高度处出现水平裂缝并向腹板延伸。

（3）第 3 循环正向加载到 190kN 时，翼缘受拉区端部距基础 60cm 处出现水平裂缝；负向加载到 190kN 时，翼缘受拉区端部距基础 18cm、26cm 处各出现一条水平裂缝并向两侧斜向下延伸。

（4）第 4 循环，两侧翼缘端部水平裂缝不断延伸至腹板处并向下倾斜，在外侧面形成交叉斜裂缝。

（5）第 5 循环，随着荷载的增加，裂缝不断增多，翼缘裂缝延伸至腹板的裂缝逐渐延伸至腹板端部形成贯通裂缝，裂缝最大宽度增至 2.5mm。

（6）第 6 循环正向加载到 220kN 时，受压区角部出现竖向裂缝。

（7）第 7 循环负向加载到 220kN 时，受压区角部亦出现竖向裂缝。

（8）第 8 循环当荷载增至 245kN 时，受压区混凝土墙角部位压酥，暗柱纵筋外露并屈曲，受拉区混凝土脱落。

（9）第 9 循环，随着循环加载次数的不断增多，最后受压区混凝土较大面积压碎，暗柱纵筋拉断，试件达到严重破坏状态。

2 个剪力墙翼缘的最终裂缝开展情况和剪力墙翼缘与腹板交接侧破坏照片如图 6-5～图 6-8 所示，由图可见：

（1）2 个剪力墙的翼缘最终破坏均以弯曲破坏为主。

（2）试件 SWTX-2 与 SWT-2 相比，主裂缝出现较晚且发展慢，斜裂缝走向有向斜筋逼近的趋势，表明斜筋对斜裂缝的开展具有一定的控制作用。

6.1.6　实测应变及分析

构件中钢筋的应变大小及变化规律反映了构件的受力状态和横截面应力分布情况。下面对其实测应变进行分析。

（1）SWT-2 钢筋应变。

构件 SWT-2 布置了三角形暗柱纵筋应变（ZZi），剪力墙内纵向钢筋应变（FBZi），水平钢筋应变（FBHi）。部分实测应变滞回曲线见图 6-9。其中，图 6-9（a）～图 6-9（f）为三角形暗柱纵筋应变；图 6-9（g）～图 6-9（k）为纵向分布钢筋应变；图 6-9（l）为水平分布钢筋应变。图 6-9（m）为试件 SWT-2 各钢筋应变比较图。

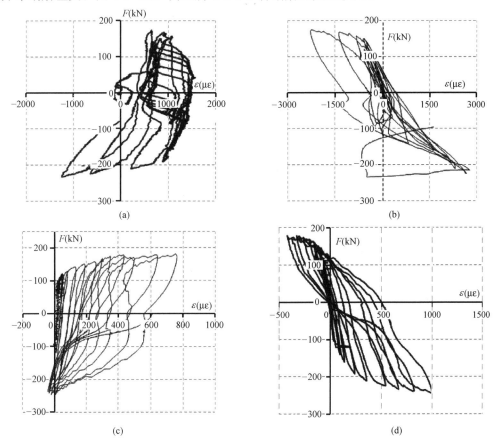

图 6-9　试件 SWT-2 钢筋 "F-ε" 滞回曲线图（一）

(a) ZZ1；(b) ZZ2；(c) ZZ3；(d) ZZ4

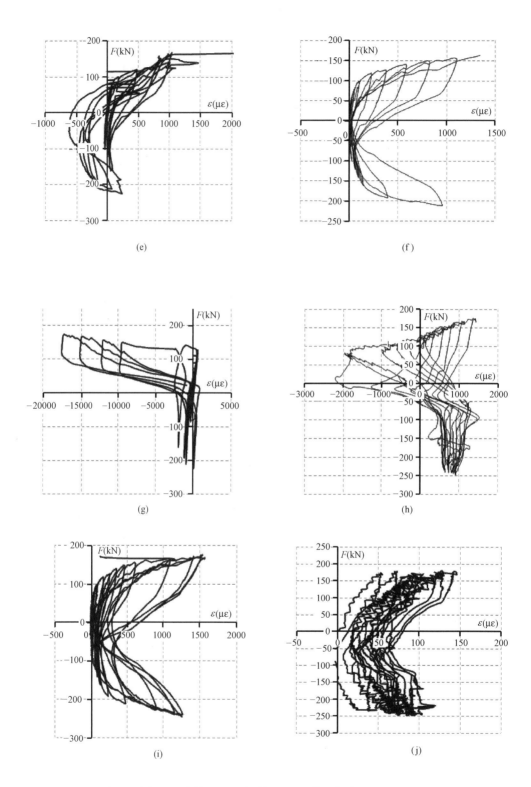

图 6-9　试件 SWT-2 钢筋 "F-ε" 滞回曲线图（二）

（e）ZZ5；（f）ZZ6；（g）FBZ1；（h）FBZ2；（i）FBZ4；（j）FBZ4

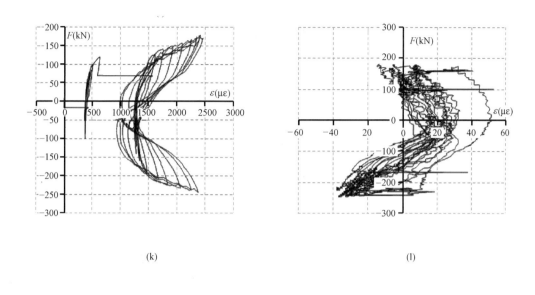

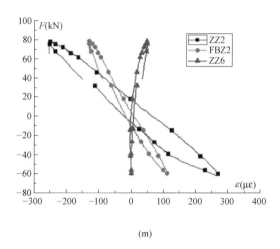

图 6-9 试件 SWT-2 钢筋 "F-ε" 滞回曲线图（三）

（k）FBZ5；（l）FBH1；（m）SWT-2 应变比较图

由图 6-9 可见：

在墙肢底部，最外侧暗柱纵筋应变最大，由外向内钢筋应变依次减小。

（2）SWTX-2 钢筋应变。

构件 SWTX-2 布置了三角形暗柱纵筋应变（ZZi），剪力墙内纵向钢筋应变（FBZi），水平钢筋应变（FBHi），斜筋应变（Xi）。部分实测应变滞回曲线见图 6-10。其中，图 6-10（a）～图 6-10（f）为三角形暗柱纵筋应变；图 6-10（g）～图 6-10（j）为纵向分布钢筋应变；图 6-10（k）～图 6-10（q）为交叉钢筋应变；图 6-10（r）为水平分布钢筋应变。图 6-10（s）为 SWTX-2 各钢筋应变曲线比较图。

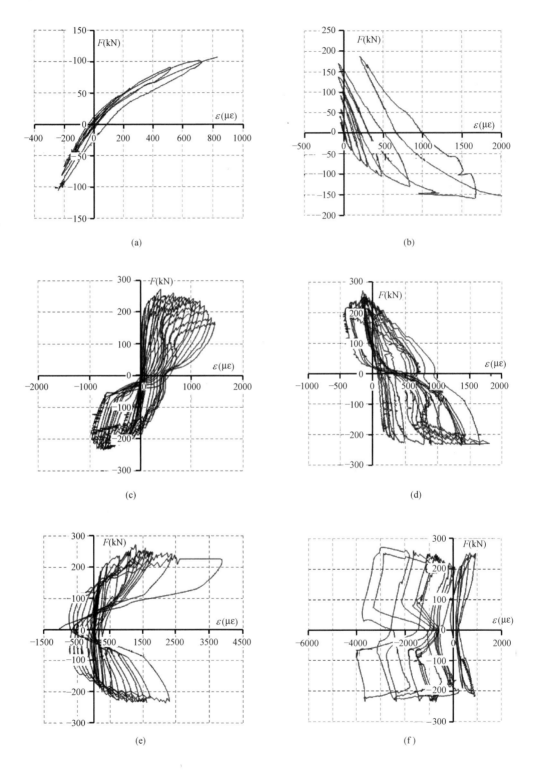

图 6-10 钢筋 "F-ε" 滞回曲线比较图 (一)

(a) ZZ1；(b) ZZ2；(c) ZZ3；(d) ZZ4；(e) ZZ5；(f) ZZ6

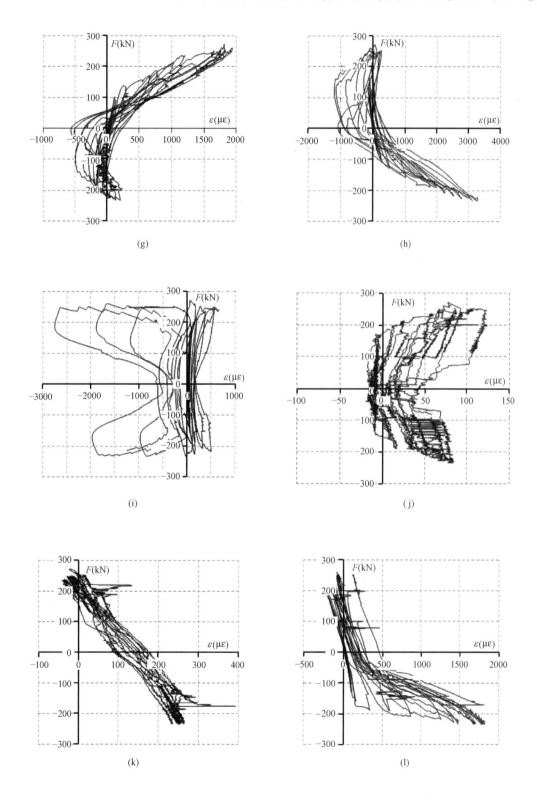

图 6-10 钢筋 "F-ε" 滞回曲线比较图 (二)

(g) FBZ1；(h) FBZ2；(i) FBZ3；(j) FBZ4；(k) X1；(l) X2

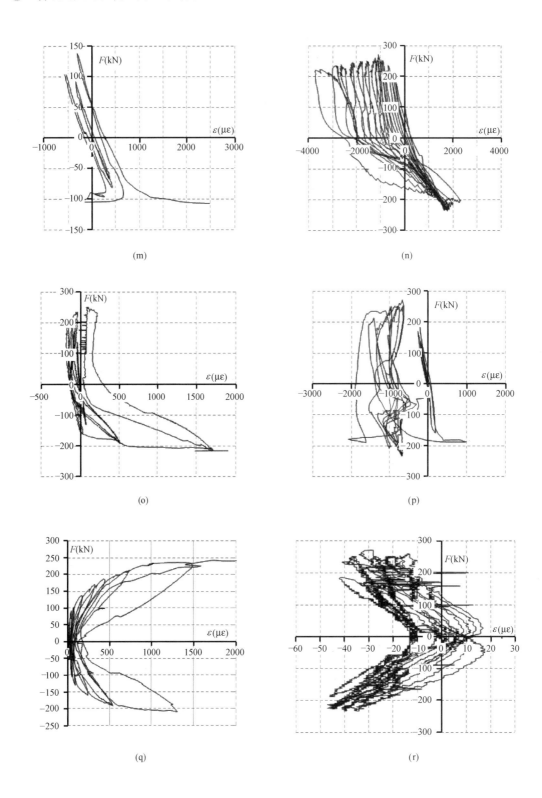

图 6-10　钢筋"F-ε"滞回曲线比较图（三）

（m）X3；（n）X4；（o）X5；（p）X6；（q）X7；（r）FBH1

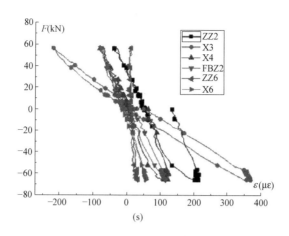

图 6-10　钢筋 "F-ε" 滞回曲线比较图（四）

（s）SWTX-2 应变比较图

由图 6-10 可见：

在墙肢底部，斜筋应变最大，其次是最外侧暗柱纵筋，由外向内钢筋应变依次减小，说明翼缘方向加载情况下斜筋作为第一道防线，在提高剪力墙抗震承载力、增强抗震耗能中起重要作用。

6.2　本章小结

本章通过对 2 个单排配筋混凝土剪力墙模型（1 个为普通单排配筋混凝土剪力墙，1 个为带交叉斜筋单排配筋混凝土剪力墙）在低周反复水平荷载作用下的抗震性能试验，对比分析了它们的承载力、刚度及其衰减过程、延性、耗能、滞回特性及破坏过程，试验研究结果表明：配筋量相同情况下，在单排配筋 T 形截面剪力墙的翼缘中设置交叉斜筋，能有效防止其底部剪切滑移，明显提高剪力墙翼缘方向的承载力、耗能能力，减缓其刚度衰减，使其抗震性能得到改善。

带斜筋单排配筋L形剪力墙
工程轴方向抗震试验研究

7.1 试验结果及分析

7.1.1 承载力实测值及分析

各试件的明显开裂荷载 F_c、正负两方向明显屈服荷载 F_y、正负两方向极限荷载 F_u 的试验结果及其比值见表 7-1。其中：$u_{cu} = F_c/F_u$ 指明显开裂荷载与极限荷载在正方向的比值；$u_{yu} = F_y/F_u$ 指正负向明显屈服荷载与正负向极限荷载的比值。

开裂荷载、屈服荷载和极限荷载试验结果 表 7-1

模型	F_c (kN)	F_c 比值	F_y				F_u			
			正向(kN)	比值	负向(kN)	比值	正向(kN)	比值	负向(kN)	比值
SWL-1	129.3	1.000	197.7	1.000	−161.9	1.000	244.7	1.000	−205.3	1.000
SWLX-1	132.3	1.023	201.3	1.018	−179.1	1.106	266.5	1.089	−249.3	1.214

由表 7-1 可见：

(1) 由于两试件截面不对称，正向承载力明显高于负向承载力。

(2) SWLX-1 与 SWL-1 相比，正向加载时，开裂荷载、屈服荷载和极限荷载分别提高了 2.3%、1.8% 和 8.9%；负向加载时，屈服荷载和极限荷载分别提高了 10.6%、21.4%，说明交叉斜筋能较明显地提高 L 形截面单排配筋混凝土剪力墙的水平极限承载力。

(3) 正负向加载时，带交叉斜筋的 L 形剪力墙屈服荷载与极限荷载的比值均比不带交叉斜筋的剪力墙有所减小，说明其屈服后的弹塑性变形过程变长，有利于抗震。

7.1.2 刚度实测值及分析

试件的刚度试验值及其退化系数列于表 7-2。其中：K_0 为初始弹性刚度；K_c 为明显开裂刚度；K_y 为明显屈服刚度；$\beta_{co}=K_c/K_o$ 为试件从初始弹性到开裂的刚度衰减系数；$\beta_{yc}=K_y/K_c$ 为试件从开裂到屈服的刚度衰减系数；$\beta_{yo}=K_y/K_o$ 为试件从初始弹性到屈服的刚度衰减系数。

刚度试验结果　　　　　　　表 7-2

试件编号	K_o (kN/mm)	K_c (kN/mm)	K_y(kN/mm) 正向	负向	β_{co}	β_{yc} 正向	负向	β_{yo} 正向	负向
SWL-1	219.95	99.47	67.93	51.89	0.45	0.68	0.52	0.31	0.24
SWLX-1	216.12	104.20	67.77	56.49	0.48	0.65	0.54	0.31	0.26

试件的"抗侧刚度-水平位移角"关系曲线见图 7-1。

由表 7-2、图 7-1 可见：

（1）两个剪力墙试件的初始刚度比较接近，说明剪力墙的初始刚度主要由混凝土强度和几何尺寸决定，配筋形式对其影响不大。

（2）由于 L 形剪力墙截面不对称，翼缘受拉时（正向）刚度衰减比受压时（负向）刚度衰减稍慢些。

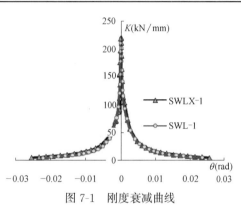

图 7-1　刚度衰减曲线

（3）两个剪力墙试件的刚度衰减规律基本一致，试件 SWLX-1 与 SWL-1 相比，其开裂刚度衰减系数略有提高。

7.1.3　延性性能分析

各试件的位移及其延性系数试验结果见表 7-3。

表中：U_c 为明显开裂位移，指与开裂荷载对应的位移；U_y 为明显屈服位移，指正负两向屈服荷载对应的位移；U_d 为弹塑性最大位移，指水平荷载降低到 85% 极限荷载时对应的位移；θ_P 为试件负向加载时的弹塑性最大位移角；$\mu=U_d/U_y$ 为延性系数。

位移与延性系数试验结果　　　　　　　表 7-3

试件编号	U_c (mm)	U_c 比值	U_y 正向 (mm)	比值	负向 (mm)	比值	U_d 正向 (mm)	比值	负向 (mm)	比值	θ_P	μ 正向	负向
SWL-1	1.30	1.000	2.91	1.000	−3.12	1.000	29.71	1.000	−31.37	1.000	1/48	10.21	10.05
SWLX-1	1.27	0.976	2.97	1.021	−3.17	1.016	35.67	1.201	−37.65	1.200	1/40	12.01	11.87

由表 7-3 可见：

（1）SWLX-1 与 SWL-1 相比，θ_P 和 μ 均较大，说明交叉斜筋能较明显地提高 L 形截面单排配筋混凝土剪力墙的延性。

（2）两个试件的延性系数都比较大，说明单排配筋 L 形截面混凝土剪力墙与相应的砌体剪力墙相比，具有很好的延性。

7.1.4 滞回特性及耗能能力分析

图 7-2 为两个试件实测的滞回曲线，其滞回环所包含的面积反映了剪力墙耗能能力的大小，按试验所得滞回曲线的各滞回环计算两个试件的累积耗能量，其计算结果及由式（2-1）计算的等效黏滞阻尼系数列于表 7-4。根据滞回曲线所得剪力墙试件的骨架曲线见图 7-3。图 7-4 为两试件 E_p-U 曲线，反映了在不同水平位移下所对应耗能量的大小。

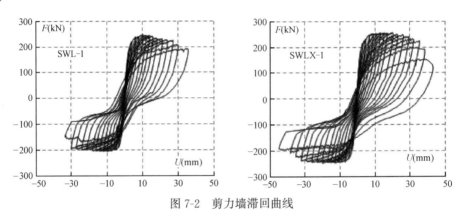

图 7-2 剪力墙滞回曲线

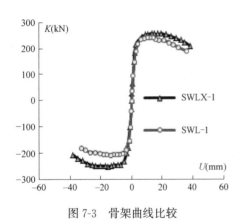

图 7-3 骨架曲线比较

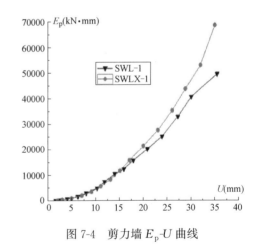

图 7-4 剪力墙 E_p-U 曲线

	实测耗能量		表 7-4
试件编号	等效黏滞阻尼系数 h_e	累计耗能（kN·mm）	相对值
SWL-1	0.167	49488.472	1.000
SWLX-1	0.191	68566.497	1.386

7.1.5 破坏特征分析

1. SWL-1 破坏过程（SWL-1 裂缝破坏图见图 7-5）

（1）第 1 循环正向加载至 129kN 时，L 形剪力墙节点根部与基础交接处拉裂；负向加载至 100kN 时,腹板端部高 3cm 处混凝土拉裂。

(2)第 2 循环,正向加载至 197kN 时,墙体根部与基础交接处裂缝逐渐向两侧延伸,负向加载到 160kN 时,腹板受拉区根部裂缝延伸并与翼缘处裂缝贯通。

(3)第 3 循环,随着反复水平加载的不断进行,墙体根部拉起高度不断增加,最大拉起高度达 10mm,腹板高 2cm 处裂缝宽度不断增加。

(4)第 4 循环,正向加载至 210kN 时,腹板端部出现竖向裂缝,高度为 15cm;负向加载到 192kN 时,L 形节点底部混凝土压裂高度至 8cm。

(5)第 5 循环,正向加载到 230kN 时,受压区端部竖向裂缝不断增多直至压酥脱落,边缘三角形暗柱纵筋外漏;负向加载到 200kN 时,L 形节点底部混凝土压酥并脱落,边缘矩形暗柱纵筋外漏。

(6)第 6 循环正向加载到 245kN 时,承载力不再增加,混凝土脱落面积不断增大,钢筋不断拉直和压弯,L 形节点底部混凝土脱落高度达 8cm,腹板端部混凝土脱落高度达 10cm。

(7)第 7 循环,随着循环次数的不断增加,L 形节点底部矩形暗柱纵筋被拉断,腹板端部三角形暗柱外侧两根钢筋被拉断,试件达到严重破坏状态。

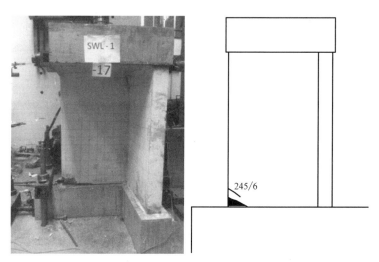

图 7-5　SWL-1 破坏形态

2. SWLX-1 破坏过程 (SWLX-1 最终破坏图见图 7-6)

(1)第 1 循环正向加载到 132kN 时,L 形剪力墙节点外侧 15cm 高度处出现第一条水平裂缝,裂缝宽度为 0.01mm。

(2)第 2 循环正向加载到 163kN 时,L 形节点角部外侧第一条水平裂缝分别往翼缘和腹板延伸至基础,负向加载到 126kN 时,腹板端部与基础交接处混凝土拉裂。

(3)第 3 循环正向加载到 200kN 时,在 L 形节点角部外侧 30cm 和 40cm 处各出现一条水平裂缝并不断向腹板和翼缘延伸,负向加载到 180kN 时,腹板端部 13cm、24cm 高度处各出现一条水平裂缝。

(4)第 4 循环,L 角部水平裂缝不断向翼缘端部延伸并逐渐贯通,腹板端部裂缝在腹板外侧斜向下延伸与 L 形节点角部裂缝逐步贯通。

（5）第 5 循环，新的裂缝不再出现，原有的裂缝宽度不断增加，正向加载到 260kN 时，腹板最大裂缝宽度达到 3mm，同时腹板受压区端部开始出现竖向裂缝。

（6）第 6 循环，腹板两侧混凝土逐渐脱落，负向加载至 245kN 时，端部混凝土边缘构件暗柱纵筋外漏。

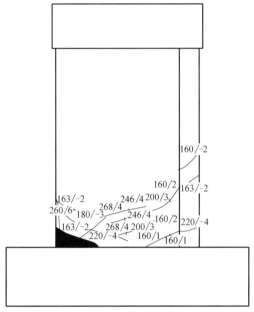

图 7-6　SWLX-1 破坏形态

（7）第 7 循环以后，承载力不再增加，混凝土压酥面积逐渐增大，端部混凝土脱落高度最大达到 20cm，随后就是钢筋的拉直与压弯，直至暗柱纵筋拉断，试件严重破坏。

2 个剪力墙试件最终破坏照片及其裂缝图如图 7-5 和图 7-6 所示。可见：

（1）试件 SWL-1 属于弯曲破坏，试件 SWLX-1 的破坏也以弯曲破坏为主。

（2）试件 SWLX-1 与 SWL-1 相比，裂缝明显增多，裂缝分布域广，塑性铰范围扩大，能充分发挥剪力墙耗能能力。

7.1.6　实测应变及分析

试件中钢筋和钢管应变大小及其变化规律反映了构件的受力状态和横截面应变分布情况，下面分别对其实测应变进行分析。

（1）SWL-1 钢筋应变。

构件 SWL-1 布置了三角形暗柱纵筋应变（ZZi），剪力墙内纵向钢筋应变（FBZi），水平钢筋应变（FBHi）。部分实测应变滞回曲线见图 7-7。其中，图 7-7（a）～图 7-7（d）为三角形暗柱纵筋应变；图 7-7（e）～图 7-7（j）为纵向分布钢筋应变；图 7-7（k）为水平分布钢筋应变。图 7-7（l）为试件 SWL-1 各钢筋应变曲线比较图。

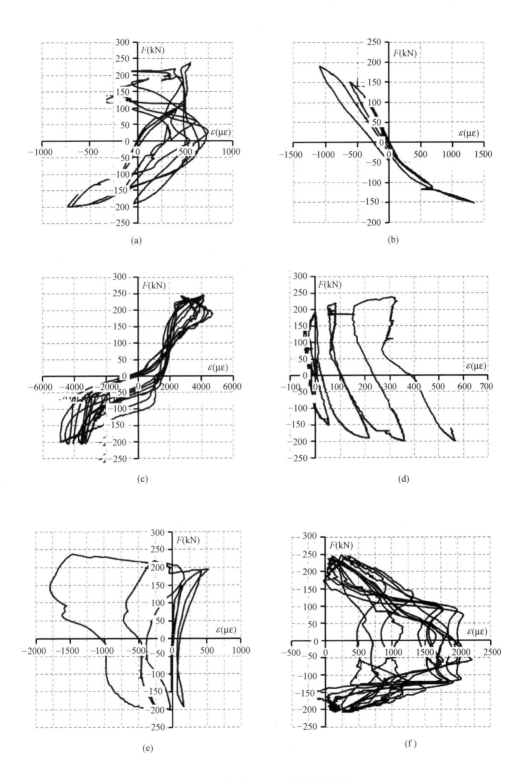

图 7-7 SWL-1 钢筋 "F-ε" 滞回曲线图 (一)

(a) ZZ1；(b) ZZ2；(c) ZZ3；(d) ZZ4；(e) FBZ2；(f) FBZ3

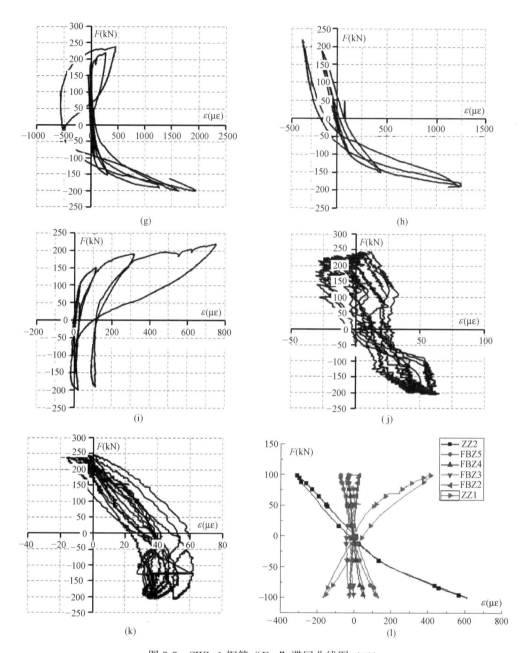

图 7-7 SWL-1 钢筋"F-ε"滞回曲线图（二）

(g) FBZ4；(h) FBZ5；(i) FBZ6；(j) FBZ7；(k) FBH1；(l) SWL-1 应变比较图

由图 7-7 可见：

在墙肢底部，最外侧暗柱纵筋应变最大，由外向内钢筋应变依次减小，荷载至极限荷载时，剪力墙边缘构件纵筋屈服程度很大，说明边缘构件纵筋作为第一道防线，在提高剪力墙抗震承载力、增强抗震耗能中起重要作用。

（2）SWLX-1 钢筋应变。

构件 SWLX-1 布置了三角形暗柱纵筋应变（ZZi），剪力墙内纵向钢筋应变（FBZi），水平钢筋应变（FBHi），交叉钢筋应变（Xi）。部分实测应变滞回曲线见图 7-8。其中，

图 7-8（a）～图 7-8（d）为三角形暗柱纵筋应变；图 7-8（e）～图 7-8（i）为纵向分布钢筋应变；图 7-8（j）～图 7-8（q）为交叉斜筋钢筋应变；图 7-8（r）为水平分布钢筋应变。图 7-8（s）为 SWLX-1 各钢筋应变曲线比较图。

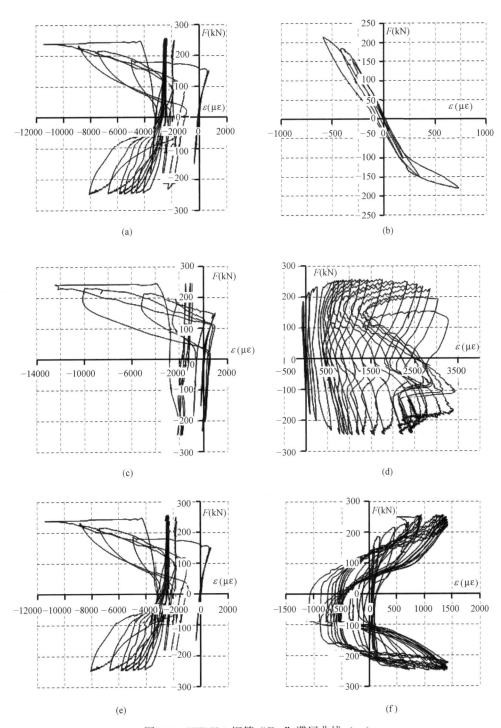

图 7-8　SWLX-1 钢筋"F-ε"滞回曲线（一）

(a) ZZ1；(b) ZZ2；(c) ZZ3；(d) ZZ4；(e) FBZ1；(f) FBZ2

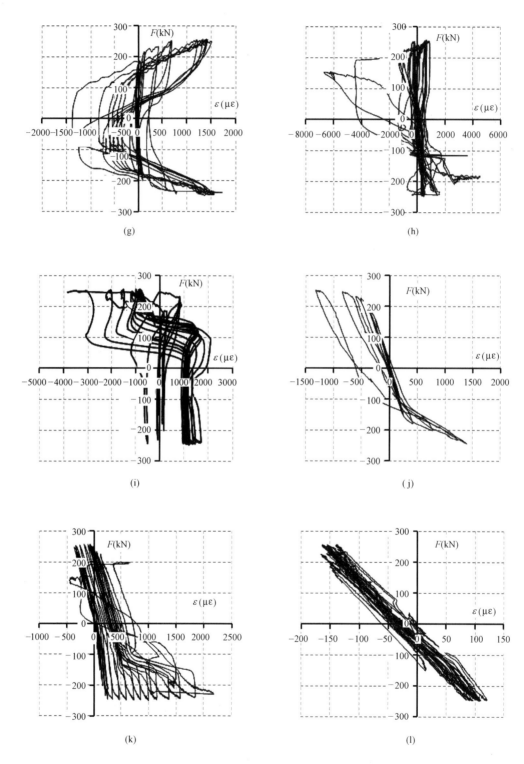

图 7-8 SWLX-1 钢筋 "F-ε" 滞回曲线 (二)

(g) FBZ3；(h) FBZ4；(i) FBZ5；(j) X1；(k) X2；(l) X3

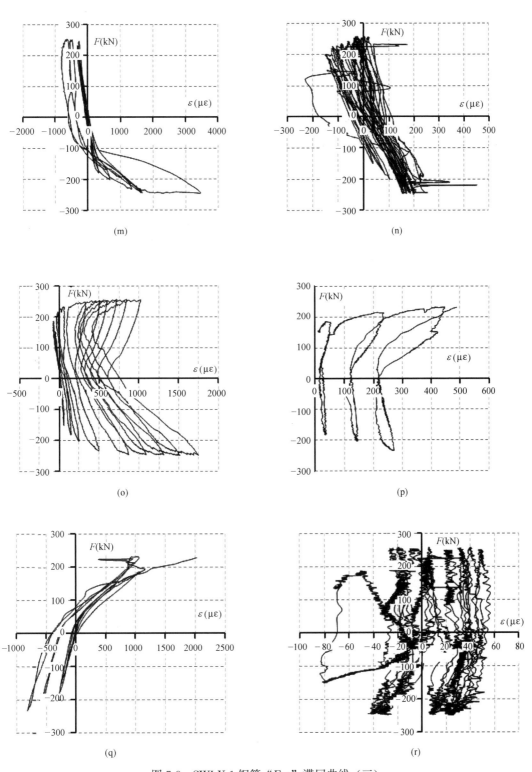

图 7-8　SWLX-1 钢筋 "F-ε" 滞回曲线（三）

（m）X4；（n）X6；（o）X7；（p）X8；（q）X9；（r）FBH1

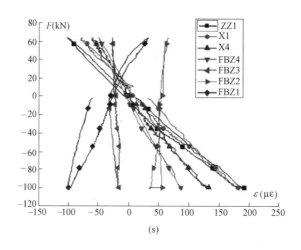

图 7-8　SWLX-1 钢筋 "F-ε" 滞回曲线（四）

（s）SWLX-1 钢筋应变图

由图 7-8 可见：

在墙肢底部，最外侧暗柱纵筋应变最大，其次是斜筋，由外向内钢筋应变依次减小。

7.2　本章小结

本章进行了 2 个 L 形截面剪力墙沿工程轴方向的低周反复荷载试验，通过对比分析试验结果，可得到如下结论：

（1）配筋量保持不变情况下，在单排配筋 L 形截面混凝土剪力墙中合理布置斜向钢筋，可以改善其滞回性能，明显提高其承载力、延性和耗能能力。

（2）带斜筋单排配筋 L 形截面中高混凝土剪力墙，因其配筋率较低，其最终破坏呈以弯曲破坏为主的弯剪特征，其承载力计算可按其正截面大偏心受压状态建立计算公式。

带斜筋单排配筋L形剪力墙沿非工程轴抗震试验研究

8.1 试验结果及分析

8.1.1 承载力实测值及分析

各试件的开裂荷载、正负两方向屈服荷载、正负两方向极限荷载的试验结果及其比值见表 8-1。其中：F_c 为出现肉眼可见第一条裂缝时所对应的开裂荷载；F_y 为屈服荷载；F_u 为极限荷载。

开裂荷载、屈服荷载和极限荷载试验结果 表 8-1

| 模型 | F_c(kN) | F_c 比值 | F_y | | | | F_u | | | |
			正向(kN)	比值	负向(kN)	比值	正向(kN)	比值	负向(kN)	比值
SWL-2	94.34	1.000	127.46	1.000	−167.38	1.000	156.29	1.000	−209.81	1.000
SWLX-2	103.46	1.097	149.52	1.173	−149.16	0.891	192.80	1.234	−190.50	0.909

由表 8-1 可见：

SWLX-1 与 SWL-1 相比，正向加载时，开裂荷载、屈服荷载和极限荷载分别提高了 9.7%、17.3% 和 23.4%；负向加载时，SWTX-1 与 SWT-1 相比，屈服荷载下降了 10.9%，极限荷载下降了 9.2%。综合起来可见，斜筋对 L 形截面剪力墙非工程轴方向的承载力有一定程度的提高作用。

8.1.2 刚度实测值及分析

表 8-2 为各试件的刚度试验值及其退化系数。其中：K_o 为初始弹性刚度；K_c 为明显开裂刚度；K_y 为明显屈服刚度；$\beta_{co}=K_c/K_o$，为试件从初始弹性到开裂的刚度衰减系数；$\beta_{yc}=K_y/K_c$，为试件从开裂到屈服的刚度衰减系数；$\beta_{yo}=K_y/K_o$，为试件从初始弹性到屈服的刚度衰减系数。

各阶段刚度实测值　　　　　表 8-2

模型	K_o (kN/mm)	K_c (kN/mm)	K_y(kN/mm)		β_{co}	β_{yc}		β_{yo}	
			正向	负向		正向	负向	正向	负向
SWL-2	216.95	96.27	40.85	58.73	0.437	0.42	0.61	0.19	0.27
SWLX-2	212.12	94.92	51.92	47.50	0.439	0.55	0.50	0.24	0.22

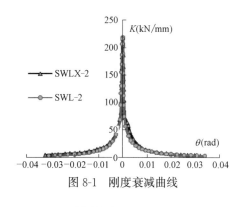

图 8-1　刚度衰减曲线

试件的"抗侧刚度 K-水平位移角 θ"关系曲线见图 8-1。

由表 8-2、图 8-1 可见：

（1）两个剪力墙试件的初始刚度比较接近，说明配筋形式对其非工程方向的初始抗侧刚度影响不大，主要还是由混凝土强度和几何尺寸决定。

（2）两个剪力墙试件的刚度衰减规律基本一致，没有明显差别。

8.1.3　延性性能分析

各试件的位移及其延性系数试验结果见表 8-3。

表中：U_c 为明显开裂位移；U_y 为明显屈服位移；U_d 为弹塑性最大位移，指水平荷载降低到 85% 极限荷载时对应的位移；θ_P 为试件的弹塑性最大位移角；$\mu = U_d/U_y$ 为延性系数。

位移与延性系数实测值　　　　　表 8-3

模型	U_c (mm)	U_c 比值	U_y				U_d				θ_P	μ	
			正向 (mm)	比值	负向 (mm)	比值	正向 (mm)	比值	负向 (mm)	比值		正向	负向
SWL-2	0.98	1.000	3.12	1.000	−2.85	1.000	44.73	1.000	−42.47	1.000	1/34	14.34	14.90
SWLX-2	1.09	1.112	2.88	0.923	−3.14	1.102	47.96	1.072	−46.43	0.852	1/31	16.65	14.79

由表 8-3 可见：

（1）两个试件的延性系数均比较大，说明单排配筋 L 形截面混凝土剪力墙非工程轴方向具有较好的延性。

（2）试件 SWLX-2 的弹塑性最大位移角和正向延性系数均大于 SWL-2，负向延性系数与其接近，表明沿非工程轴加载时，斜筋对 L 形截面单排配筋混凝土剪力墙的延性也有一定的提高效果。

8.1.4　滞回特性及耗能能力分析

两剪力墙在低周反复荷载作用下的滞回曲线如图 8-2 所示。2 个剪力墙模型的骨架曲线比较如图 8-3 所示。各滞回环所包含的面积（取相同滞回环数）的累积反映了剪力墙抗震耗能的大小，图 8-4 为两试件 E_p-U 曲线，反映了在不同水平位移下所对应耗能量的大小。等效黏滞阻尼系数和累计耗能值列于表 8-4。

耗能实测值　　　　　　　　　　　　　　　　　　　　　　　　　表 8-4

试件编号	等效黏滞阻尼系数 h_e	累计耗能(kN·mm)	耗能比值
SWL-2	0.138	60501.23	1.000
SWLX-2	0.151	75324.12	1.245

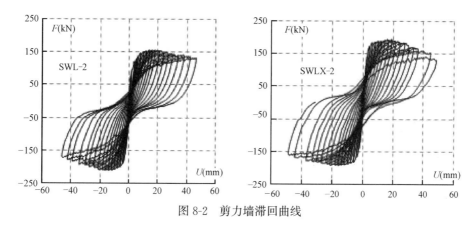

图 8-2　剪力墙滞回曲线

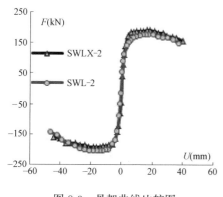

图 8-3　骨架曲线比较图

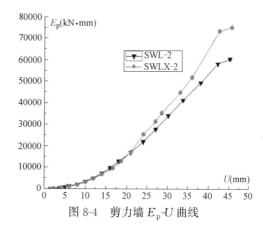

图 8-4　剪力墙 E_p-U 曲线

由表 8-4 及图 8-2～图 8-4 表明：

（1）试件在开裂前基本处于弹性阶段；在开裂之后至屈服前，滞回曲线狭窄细长，所包围的面积较小，残余变形较小，耗能较小；屈服后滞回环的面积逐渐增大，耗能量主要集中在屈服后。

（2）SWLX-2 与 SWL-2 相比，滞回环相对饱满，捏拢轻些，承载力有所提高，累计耗能增大，说明斜筋对 L 形截面剪力墙非工程轴方向的抗震耗能起到有利作用。

8.1.5　破坏特征分析

1. SWL-2 破坏过程（SWL-2 裂缝开展见图 8-5）

（1）第 1 循环初期，试件基本处于弹性阶段，直至正向加载到 90kN 时，L 形节点外侧角部与基础交接处出现第一条水平裂缝，并向两侧延伸 10cm、30cm；负向加载到

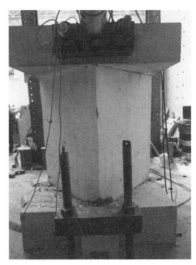

图 8-5　SWL-2 破坏形态

110kN 时，剪力墙端部与基础交接处拉裂长度为 2.5cm。

（2）第 2 循环，正向加载 120kN 时 L 形剪力墙节点外侧距基础 15cm 处出现裂缝并与水平线成 45°角斜向下延伸至基础，负向加载到 160kN 时，剪力墙端部与基础交接处裂缝不断延伸。

（3）第 3 循环，负向加载至 199kN 时，墙肢根部与基础交接处裂缝贯通，L 形节点处距基础 15cm 高度处裂缝不断加宽，两墙肢交接处内侧竖向裂缝延伸至顶部。

（4）第 4 循环，负向加载到 205kN 时，北翼缘端部距基础 50cm 高度处出现水平裂缝并向左右分别延伸 27cm、36cm；南翼缘端部距基础 40cm 高度处出现水平裂缝并向左右分别延伸 52cm、43cm。

（5）第 5 循环，翼缘裂缝不断延伸扩展，裂缝宽度不断增大，负向加载至 209kN 时，L 形节点角部出现竖向裂缝。

（6）第 6 循环，承载力不再增加，负向加载时，L 形节点处混凝土被压碎，混凝土受压区高度不断增加。

（7）第 7 循环，正向加载时，L 形节点被拔起 8mm，混凝土逐渐脱落，翼墙端部开始出现竖向裂缝；负向加载时，受压区角部混凝土压酥面积增大。

（8）第 8 循环，随着循环加载次数的不断增多，L 形节点暗柱纵筋拉断，受压区混凝土较大面积压碎，南翼缘端部暗柱纵筋拉断，拔起高度增至 3cm，试件达到严重破坏状态。

2. SWLX-2 破坏过程（SWLX-2 裂缝开展见图 8-6）

（1）第 1 循环初期，试件基本处于弹性阶段，直至正向加载到 100kN 时，L 形节点外侧角部距基础 4cm 处出现第一条水平裂缝，宽度为 0.06mm，并向两侧分别斜向下延伸 5cm、6cm 伸至基础；负向加载到 120kN 时，两剪力墙端部内侧与基础交接处拉开。

（2）第 2 循环，正向加载 160kN 时，L 形剪力墙节点外侧距基础 25cm 处出现水平裂缝并向两侧延伸，负向加载到 165kN 时，剪力墙端部距基础 25cm 处出现水平裂缝。

（3）第 3 循环，负向加载至 170kN 时，距基础 25cm 高度处裂缝不断延伸至与 L 形节

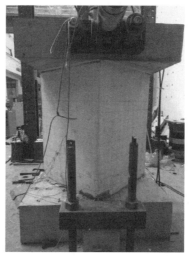

图 8-6 SWLX-2 破坏形态

点处水平裂缝贯通。

（4）第 4 循环，负向加载到 180kN 时，翼缘端部距基础 38cm 高度处出现水平裂缝并不断延伸；剪力墙与基础交接处裂缝贯通。

（5）第 5 循环，翼缘裂缝不断延伸扩展，裂缝宽度不断增大，负向加载至 190kN 时，L 形节点角部出现竖向裂缝。

（6）第 6 循环，承载力不再增加，裂缝不断加宽，正向加载时，翼墙端部开始出现竖向裂缝；负向加载时，L 形节点处混凝土被压碎。

（7）第 7 循环，正向加载时，L 形节点被拔起 10mm；负向加载时，受压区角部混凝土压酥面积增大，暗柱纵筋外露并屈曲。

（8）第 8 循环，随着循环加载次数的不断增多，L 形节点暗柱纵筋拉断，受压区混凝土较大面积压碎，翼缘端部混凝土脱落高度至 5cm，试件达到严重破坏状态。

2 个剪力墙最终破坏照片及其裂缝开展情况见图 8-5 和图 8-6。由图 8-5 和图 8-6 可见：

（1）两个试件最终破坏均呈弯曲破坏特征。

（2）试件 SWTX-1 与 SWT-1 相比，裂缝数量多些、宽度小些，耗能相对好些。

（3）由于墙体空间作用效果，破坏时基底没有出现明显剪切滑移现象。

8.1.6 实测应变及分析

试件中钢筋和钢管应变大小及其变化规律反映了构件的受力状态和横截面应变分布情况，下面分别对其实测应变进行分析。

（1）SWL-2 钢筋应变。

构件 SWL-2 布置了三角形暗柱纵筋应变（ZZi），剪力墙内纵向钢筋应变（FBZi），水平钢筋应变（FBHi）。部分实测应变滞回曲线见图 8-7。其中，图 8-7（a）～图 8-7（b）为三角形暗柱纵筋应变；图 8-7（c）～图 8-7（g）为纵向分布钢筋应变；图 8-7（h）为水平分布钢筋应变。图 8-7（i）为试件 SWL-2 各钢筋应变曲线比较图。

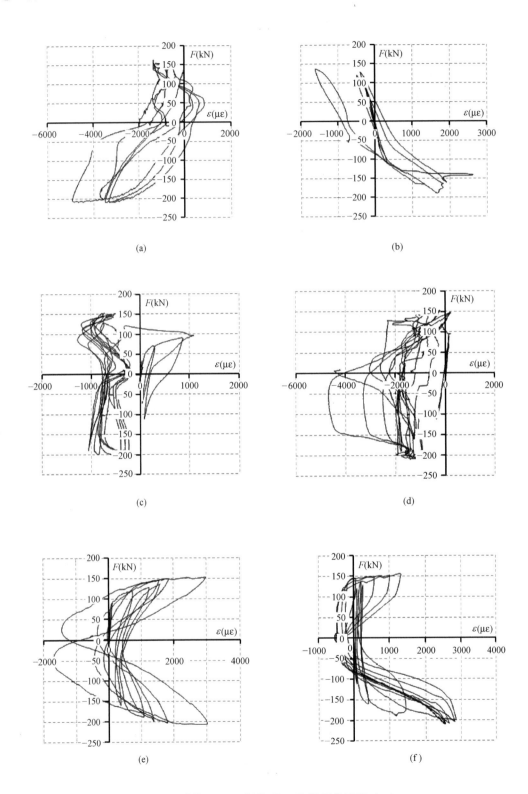

图 8-7　试件 SWL-2 钢筋 "F-ε" 滞回曲线图 （一）

（a）ZZ1；（b）ZZ2；（c）FBZ1；（d）FBZ2；（e）FBZ3；（f）FBZ4

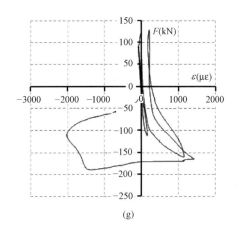
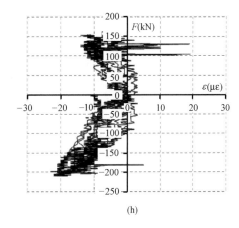

(g)　　　　　　　　　　　　　　(h)

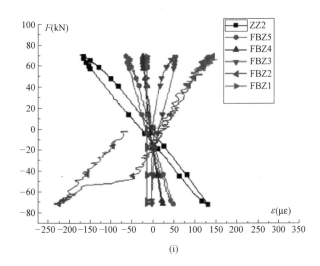

(i)

图 8-7　试件 SWL-2 钢筋"F-ε"滞回曲线图（二）
（g）FBZ5；（h）FBH1；（i）SWL-2 应变比较图

由图 8-7 可见：

在墙肢底部，最外侧暗柱纵筋应变最大，由外向内钢筋应变依次减小。

（2）SWLX-2 钢筋应变。

构件 SWLX-2 布置了边缘构件三角形暗柱纵筋应变（ZZi），剪力墙内纵向钢筋应变
（FBZi），水平钢筋应变（FBHi），交叉斜筋应变（Xi）。部分实测应变滞回曲线见图 8-8。
其中，图 8-8（a）～图 8-8（c）为边缘构件三角形暗柱纵筋应变；图 8-8（d）～图 8-8（h）
为纵向分布钢筋应变；图 8-8（i）～图 8-8（m）为交叉斜筋钢筋应变；图 8-8（n）为水平
分布钢筋应变。图 8-8（o）为试件 SWLX-2 各钢筋应变曲线比较图。

试验表明：

（1）在墙肢底部，最外侧暗柱纵筋应变最大，由外向内钢筋应变依次减小。

（2）最外侧暗柱纵筋屈服后，斜筋作为第一道防线，在提高剪力墙抗震承载力、增强
抗震耗能中起重要作用。

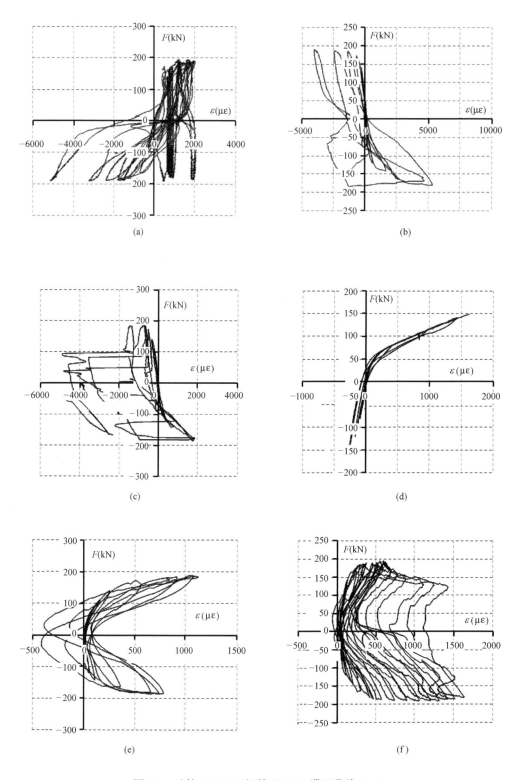

图 8-8 试件 SWLX-2 钢筋 "F-ε" 滞回曲线 (一)

(a) ZZ1；(b) ZZ2；(c) ZZ3；(d) FBZ1；(e) FBZ2；(f) FBZ3

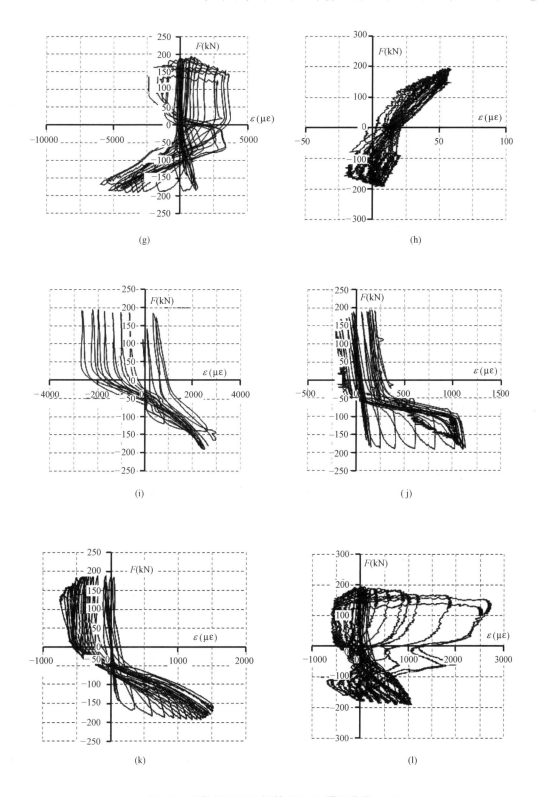

图 8-8 试件 SWLX-2 钢筋 "F-ε" 滞回曲线（二）

(g) FBZ4；(h) FBZ5；(i) X1；(j) X2；(k) X4；(l) X5

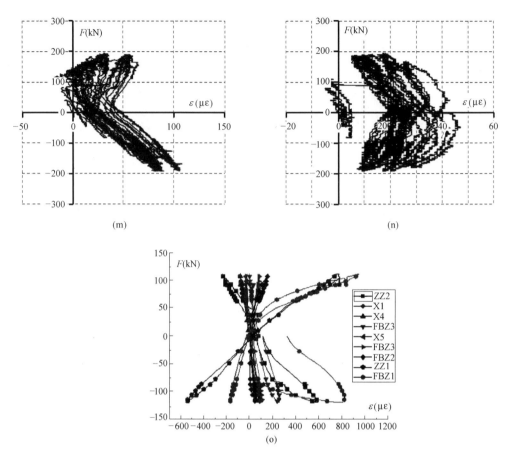

图 8-8　试件 SWLX-2 钢筋 "F-ε" 滞回曲线（三）

（m）X6；（n）FBH1；（o）SWLX-2 应变比较图

8.2　本章小结

本章进行了 2 个 L 形截面剪力墙沿非工程轴方向的低周反复荷载试验，通过对比分析试验结果，可得到如下结论：

（1）低配筋条件下的带斜筋单排配筋 L 形截面混凝土剪力墙，在其非工程轴方向的低周反复水平荷载作用下，呈现弯曲破坏特征，具有好的延性性能。

（2）配筋量保持不变情况下，在单排配筋 L 形截面混凝土剪力墙中合理布置斜向钢筋，不仅可以明显改善其工程轴方向的抗震性能，对其非工程轴方向的承载力及耗能能力也有一定的提高作用。

9

带斜筋单排配筋剪力墙的力学模型与计算

9.1 弹性刚度计算模型与计算

9.1.1 弹性刚度计算模型

在低周反复荷载加载的初始阶段，可以根据材料力学的基本理论假设各个剪力墙试件为一个弹性薄板，在单位荷载作用下，剪力墙的变形由弯曲变形和剪切变形组成，计算模型如图 9-1 所示。

剪力墙柔度为 $\delta=\delta_s+\delta_b$，剪力墙的初始刚度为，

$$K=\frac{1}{\delta_s+\delta_b}=\frac{1}{\dfrac{\xi H}{AG}+\dfrac{H^3}{3EI}} \qquad (9\text{-}1)$$

$$A=A_0+A_1 \qquad (9\text{-}2)$$

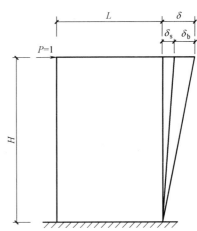

图 9-1　剪力墙变形计算模型

式中　H——剪力墙的计算高度；

　　　L——剪力墙的计算长度；

　　　δ_s——单位荷载作用下所产生的剪切变形；

　　　δ_b——单位荷载作用下所产生的弯曲变形；

　　　ξ——剪应变不均匀系数；

　　　A_0——模型水平截面混凝土净面积；

　　　A_1——换算后钢筋和型钢的截面面积；

　　　G——剪切模量，一般取值为 $G=0.4E$；

　　　E——弹剪切模量；

I——截面惯性矩。

9.1.2 计算值与实测值比较

根据式（9-1）计算所得各剪力墙试件的弹性刚度计算值与实测值比较见表 9-1。

初始弹性刚度计算与实测比较 表 9-1

试件编号	实测值(kN/mm)	计算值(kN/mm)	相对误差(%)
SWI-1	545.12	553.54	1.52
SWIX-1	550.33	553.54	0.60
SWI-2	696.89	706.46	1.35
SWIX-2	703.56	706.46	0.41
SWZ-1	405.85	428.30	5.24
SWZX-1	412.47	428.30	3.70
SWZ-2	177.50	184.63	3.86
SWZX-2	181.15	184.63	1.88

由表 9-1 可知，计算与实测符合较好。

9.2 承载力模型

9.2.1 基本假设

（1）截面保持平面；

（2）不计受拉区混凝土的抗拉作用；

（3）受压混凝土的应力-应变关系曲线按现行《混凝土结构设计规范》GB 50010（2015 年版）确定，混凝土极限压应变值取 0.0033，最大压应力取混凝土抗压强度标准值 f_{ck}；钢筋的应力-应变关系为：屈服前为线弹性关系，屈服后的应力取屈服强度。

由试验中试件的破坏过程和钢筋的应变可知，剪力墙最终破坏时，试件受拉一侧底部纵筋首先屈服，之后受压区钢筋屈服，后期受压一侧混凝土被压酥。试件最终因弯曲或弯剪破坏而失效，底部弯矩起主要控制作用。

9.2.2 单排配筋矩形截面低矮剪力墙正截面承载力计算模型与公式

试验表明，单排配筋混凝土矩形截面低矮剪力墙的最后破坏特征以弯剪破坏为主。在计算正截面承载力时可假定：墙体中受拉及受压边缘构件纵筋全部屈服，距受压边缘 $1.5x$（x 为截面受压区高度）以外的全部竖向分布钢筋屈服，忽略中和轴附近的受拉竖向分布钢筋的作用，承载力计算模型如图 9-2 所示。

图中：f_y、f_y' 分别为构件受拉、受压钢筋的屈服强度，f_{yw} 为纵向分布钢筋的屈服强度；a_s、a_s' 分别为墙体边缘构件受拉、受压纵向钢筋合力点到截面边缘的距离；b_w 为墙体腹板厚度，h_w 为墙体宽度；A_s 为墙体边缘构件的受拉钢筋面积，A_{s1} 为受拉斜筋面积，A_s' 为边缘构件受压纵筋面积，A_{s1}' 为边缘构件内受压斜筋面积；θ 为斜筋倾角。

根据力平衡条件 $\sum N = 0$ 和 $\sum M = 0$，SWI-1 和 SWI-2 承载力计算公式如下：

$$N = \alpha_1 f_c b_w x + f_y' A_s' - f_y A_s - f_{yw} b_w \rho_{sw}(h_w - h_f - 1.5x) \tag{9-3}$$

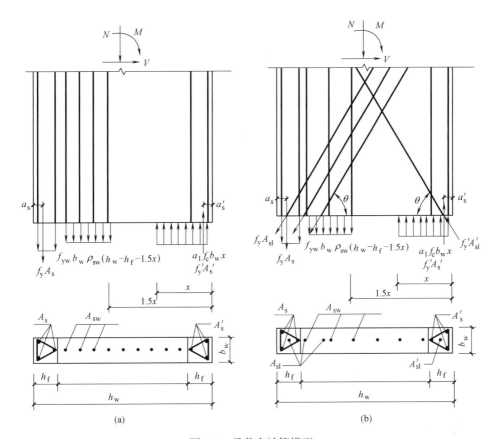

图 9-2 承载力计算模型

(a) SWI-1 和 SWIX-1 的承载力计算模型；(b) SWI-1 和 SWIX-1 的承载力计算模型

$$Ne=f_yA_s\left(h_w-a_s-\frac{x}{2}\right)+f_y'A_s'\left(\frac{x}{2}-a_s'\right)+f_{yw}b_w\rho_{sw}(h_w-h_f-1.5x)\left(\frac{h_w-h_f}{2}+\frac{x}{4}\right)$$

$$(9\text{-}4)$$

SWIX-1 和 SWIX-2 承载力计算公式如下：

$$N=\alpha_1f_cb_wx+f_y'A_s'+f_y'A_{sl}'\sin\theta-f_yA_s-f_yA_{sl}\sin\theta-f_{yw}b_w\rho_{sw}(h_w-h_f-1.5x)$$

$$(9\text{-}5)$$

$$Ne=f_yA_s\left(h_w-a_s-\frac{x}{2}\right)+f_yA_{sl}\left(h_w-h_d-\frac{x}{2}\right)\sin\theta+f_y'A_s'\left(\frac{x}{2}-a_s'\right)+$$

$$f_y'A_{sl}'\left(\frac{x}{2}-h_g\right)\sin\theta+f_{yw}b_w\rho_{sw}(h_w-h_f-1.5x)\left(\frac{h_w-h_f}{2}+\frac{x}{4}\right)$$

$$(9\text{-}6)$$

式（9-4）和式（9-6）中，$e=e_0-\dfrac{h_w}{2}+\dfrac{x}{2}$；$e_0=\dfrac{M}{N}$；$h_d$ 为受拉斜筋合力作用点至受拉边缘的距离，h_g 为受压斜筋至受压边缘的距离。

墙体水平承载力：

$$F=\frac{M}{H}=\frac{Ne_0}{H}$$

$$(9\text{-}7)$$

式（9-7）中，H 为剪力墙墙高。

9.2.3 单排配筋 Z 形剪力墙腹板方向正截面承载力计算模型与公式

试验表明，SWZ-1 和 SWZX-1 的最后破坏特征以弯曲破坏为主，即为大偏心受压破坏。实测钢筋应变表明，腹板内的纵向分布钢筋及边缘构件以外的斜筋没有达到受拉屈服状态，为简化计算，不予考虑，假定受拉翼缘内纵向及斜向钢筋全部受拉屈服；试件在极限承载力状态下，剪力墙截面的受压区基本在翼缘内，临近中和轴的翼缘内侧及中部钢筋应变较小，可忽略不计，只考虑受压翼缘最外侧钢筋受压达到屈服；不计受拉区混凝土的抗拉作用。SWZ-1 承载力计算模型见图 9-3（a），SWZX-1 承载力计算模型见图 9-3（b）。

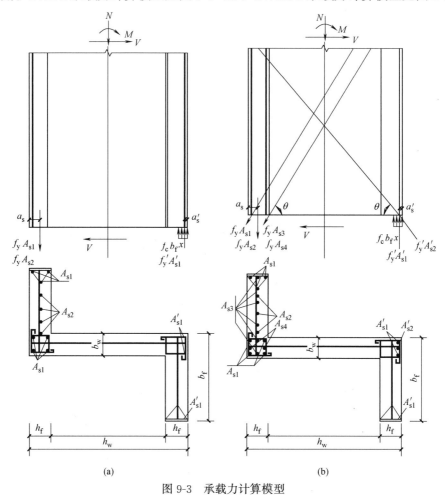

图 9-3　承载力计算模型

（a）SWZ-1 的承载力计算模型；（b）SWZX-1 的承载力计算模型

图 9-3 中：f_y、f_y' 分别为构件受拉、受压钢筋的屈服强度；a_s、a_s' 分别为墙体边缘构件受拉、受压纵向钢筋合力点到截面边缘的距离；b_w 为墙体腹板厚度，b_f 为墙体翼缘宽度，h_w 为墙体腹板宽度，h_f 为墙体翼缘厚度；A_{s1} 为墙体受拉翼缘内边缘构件的受拉钢筋面积，A_{s2} 为墙体受拉翼缘内竖向分布钢筋面积，A_{s3} 为剪力墙受拉翼缘内斜筋面积，A_{s4} 为腹板边缘构件内受拉斜筋面积，A_{s1}' 为受压翼缘外侧受压纵筋面积，A_{s2}' 为受压区外侧受压斜筋面积；θ 为斜筋倾角。

根据力平衡条件 $\sum N=0$ 和 $\sum M=0$，SWZ-1 承载力计算公式如下：

$$N=f_cb_fx+f'_yA'_{s1}-f_yA_{s1}-f_yA_{s2} \tag{9-8}$$

$$Ne=(f_yA_{s1}+f_yA_{s2})\left(h_w-a_s-\frac{x}{2}\right)+f'_yA'_{s1}\left(\frac{x}{2}-a'_s\right) \tag{9-9}$$

SWZX-1 承载力计算公式如下：

$$N=f_cb_fx+f'_yA'_{s1}+f'_yA'_{s2}\sin\theta-f_yA_{s1}-f_yA_{s2}-f_yA_{s3}\sin\theta-f_yA_{s4}\sin\theta \tag{9-10}$$

$$Ne=(f_yA_{s1}+f_yA_{s2}+f_yA_{s3}\sin\theta)\left(h_w-a_s-\frac{x}{2}\right)+f_yA_{s4}\sin\theta$$
$$\left(h_w-h_d-\frac{x}{2}\right)+(f'_yA'_{s1}+f'_yA'_{s2}\sin\theta)\left(\frac{x}{2}-a'_s\right) \tag{9-11}$$

式（9-9）和式（9-11）中，$e=e_0-\dfrac{h_w}{2}+\dfrac{x}{2}$；$e_0=\dfrac{M}{N}$；$h_d$ 为受拉斜筋合力作用点至受拉边缘的距离；公式适用条件为 $x\leqslant h_f$。

墙体水平承载力：
$$F=\frac{M}{H}=\frac{Ne_0}{H} \tag{9-12}$$

式（9-12）中，H 为剪力墙墙高。

9.2.4 单排配筋 Z 形剪力墙翼缘方向正截面承载力计算模型与公式

试验表明，SWZ-2 和 SWZX-2 的最后破坏特征以弯曲破坏为主，即呈大偏心受压破坏。实测钢筋应变表明，腹板内的纵向分布钢筋和斜向钢筋以及边缘构件中的纵向钢筋没有达到屈服状态，受拉翼缘内纵向分布钢筋也没有受拉屈服，为简化计算，不予考虑，仅考虑受拉翼缘边缘构件内纵向钢筋及斜向钢筋受拉屈服；试件在极限承载力状态下，剪力墙截面的受压区在翼缘内，只考虑受压翼缘边缘构件内受压钢筋达到屈服；忽略受拉区混凝土的抗拉作用。SWZ-2 承载力计算模型见图 9-4（a），SWZX-2 承载力计算模型见图 9-4（b）。

图 9-4 中：f_y、f'_y 分别为墙体边缘构件受拉、受压纵向钢筋的屈服强度；a_s、a'_s 分别为墙体边缘构件受拉、受压纵向钢筋合力点到截面边缘的距离；b_f 为墙体翼缘厚度，h_w 为墙体翼缘总宽度，b_w 为墙体腹板厚度；A_{s1} 为墙体受拉翼缘内边缘构件的受拉钢筋面积，A_{s2} 为剪力墙受拉翼缘边缘构件内斜筋面积，A'_{s1} 为受压翼缘边缘构件内的受压钢筋面积，A'_{s2} 为受压翼缘边缘构件内受压斜筋面积；θ 为斜筋倾角。

根据力平衡条件 $\sum N=0$ 和 $\sum M=0$，SWZ-2 的承载力计算公式如下：

$$N=f_cb_fx+f'_yA'_{s1}-f_yA_{s1} \tag{9-13}$$

$$Ne=f_yA_{s1}\left(h_w-a_s-\frac{x}{2}\right)+f'_yA'_{s1}\left(\frac{x}{2}-a'_s\right) \tag{9-14}$$

SWZX-2 承载力计算公式如下：

$$N=f_cb_fx+f'_yA'_{s1}+f'_yA'_{s2}\sin\theta-f_yA_{s1}-f_yA_{s2}\sin\theta \tag{9-15}$$

$$Ne=f_yA_{s1}\left(h_w-a_s-\frac{x}{2}\right)+f_yA_{s2}\sin\theta\left(h_w-h_d-\frac{x}{2}\right)+f'_yA'_{s1}\left(\frac{x}{2}-a'_s\right)+f'_yA'_{s2}\left(\frac{x}{2}-h'_d\right)$$
$$\tag{9-16}$$

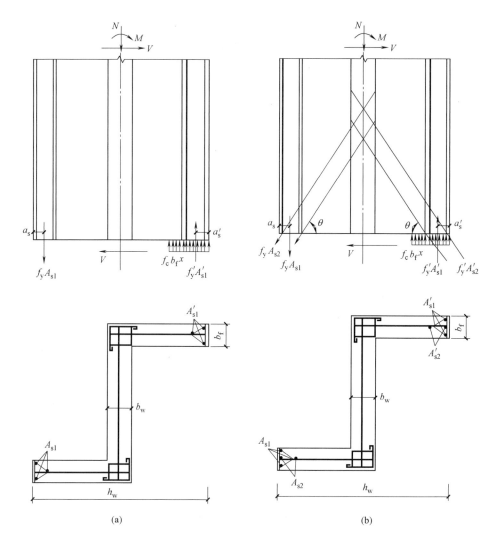

图 9-4　承载力计算模型

（a）SWZ-2 的承载力计算模型；（b）SWZX-2 的承载力计算模型

式（9-14）和式（9-16）中，$e = e_0 - \dfrac{h_{\mathrm{w}}}{2} + \dfrac{x}{2}$；$e_0 = \dfrac{M}{N}$；$h_{\mathrm{d}}$ 为受拉斜筋合力作用点至受拉边缘的距离；h_{d}' 为受压翼缘内受压斜筋合力作用点至受压边缘的距离。

墙体水平极限承载力：

$$F = \frac{M}{H} = \frac{N e_0}{H} \tag{9-17}$$

式（9-17）中，H 为剪力墙墙高。

9.2.5　单排配筋 T 形剪力墙腹板方向正截面承载力计算模型与公式

由 2 个试件的破坏形态及实测钢筋应变可知，单排配筋 T 形剪力墙由于截面不对称，试件两个方向的水平承载能力有很大的不同。因试件最终发生弯曲破坏，底部弯矩起主要控制作用，即发生大偏压破坏。

（1）基本假设。

1）平截面假定适用；

2）不计受拉区混凝土的受拉作用和中和轴附近的受压分布钢筋；

3）翼缘受拉时，假定受拉和受压边缘构件纵筋全部屈服，距受压边 $1.5x$（混凝土受压区高度）范围以外的竖向受拉分布钢筋全部屈服，对带斜筋的剪力墙，假定受拉侧和受压侧斜筋全部屈服；

4）翼缘受压时，假定腹板内纵筋全部受拉屈服，翼缘中心线附近纵筋忽略不计，翼缘最外侧纵筋受压屈服，最内侧纵筋受拉屈服，对于带斜筋的单排配筋剪力墙，假定受拉侧斜筋全部屈服，受压侧最外一根斜筋达到屈服。

（2）计算承载力模型与公式。

SWT-1 承载力计算模型见图 9-5。SWTX-1 承载力计算模型见图 9-6。

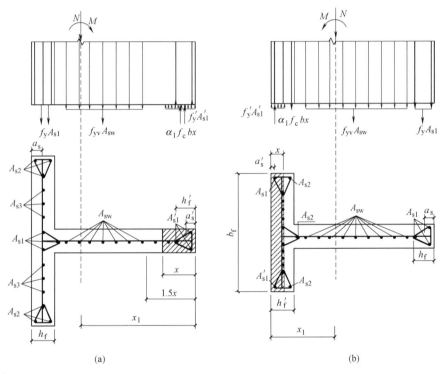

图 9-5　SWT-1 大偏心受压承载力计算模型

（a）翼缘受拉；（b）翼缘受压

试件 SWT-1，翼缘受拉时，根据力平衡条件及边缘构件配筋的对称性可得：

$$N = \alpha_1 f_c bx - f_{yv}A_{sw} - f_y A_{s2} - f_{yv}A_{s3} \tag{9-18}$$

$$Ne' = f_y A_{s1}\left(h_w - \frac{h_f}{2} - \frac{x}{2} - a_s\right) + (f_y A_{s2} + f_{yv}A_{s3})\left(h_w - \frac{h_f}{2} - \frac{x}{2}\right) +$$

$$f_y' A_{s1}'\left(\frac{x}{2} - a_s'\right) + f_{yv}A_{sw}\left(\frac{h_w - h_f}{2} + \frac{x}{4}\right) \tag{9-19}$$

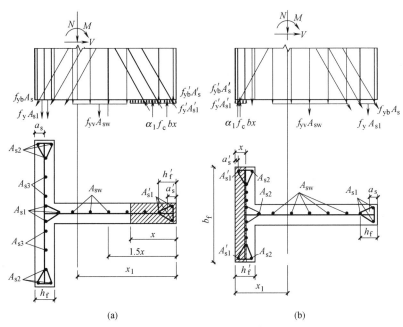

图 9-6 SWTX-1 大偏心受压承载力计算模型

(a) 翼缘受拉；(b) 翼缘受压

翼缘受压时：

$$N=\alpha_1 f_c b_f x + f'_y A'_{s1} - f_y A_{s1} - f_y A_{s2} - f_{yv} A_{sw}(h_w - h_f - h'_f) \tag{9-20}$$

$$Ne'=f_y A_{s1}\left(h_w - a_s - \frac{x}{2}\right) + f_{yv} A_{sw}\left(\frac{h_w - h_f + h'_f - x}{2}\right) + \tag{9-21}$$

$$f_y A_{s2}\left(h'_f - a'_s - \frac{x}{2}\right) + f'_y A'_{s1}\left(\frac{x}{2} - a'_s\right)$$

试件 SWTX-1，翼缘受拉时，根据力平衡条件及边缘构件配筋的对称性可得：

$$N=\alpha_1 f_c b x - f_y A_{s2} - f_{yv} A_{s3} - f_{yb} A_{sb}\sin\alpha - f_{yv} A_{sw} \tag{9-22}$$

$$Ne'=f_y A_{s1}\left(h_w - \frac{h_f}{2} - \frac{x}{2} - a_s\right) + f'_y A'_{s1}\left(\frac{x}{2} - a'_s\right) + f_{yv} A_{sw}\left(\frac{h_w - h_f}{2} + \frac{x}{4}\right) +$$

$$\left(f_y A_{s2} + f_{yv} A_{s3} + f_{yb} A_{sb}\sin\alpha\right)\left(h_w - h_f - \frac{x}{2}\right) +$$

$$f_{yb} A_s \sin\alpha\left(h_w - \frac{h_f}{2} - \frac{x}{2}\right) + f'_{yb} A'_s \sin\alpha\left(\frac{x}{2} - a'_s\right)$$

$$\tag{9-23}$$

翼缘受压时：

$$N=\alpha_1 f_c b_f x + f'_y A'_{s1} - f_y A_{s2} - f_{yv} A_{sw} - f_y A_{s1} - f_{yb} A_s \sin\alpha + f'_{yb} A'_s \sin\alpha \tag{9-24}$$

$$Ne'=f_y A_{s1}\left(h_w - \frac{x}{2} - a_s\right) + f_{yv} A_{sw}\left(\frac{h_w - h_f + h'_f - x}{2}\right) + f_y A_{s2}\left(h'_f - a'_s - \frac{x}{2}\right) +$$

$$f'_y A'_{s1}\left(\frac{x}{2} - a'_s\right) + f_{yb} A_s \sin\alpha\left(h_w - h_f - \frac{x}{2}\right) - f'_{yb} A'_s \sin\alpha\left(\frac{h'_f}{2} - \frac{x}{2}\right)$$

$$\tag{9-25}$$

剪力墙的水平承载力：
$$F = \frac{M}{H} = \frac{Ne_0}{H} \tag{9-26}$$

式中 $e' = e_0 - x_1 + \frac{x}{2}$；偏心距 $e_0 = \frac{M}{N}$。

图 9-5、图 9-6 中：

x——混凝土受压区高度；

f_{yb}、f'_{yb}——墙体内受拉、受压斜筋屈服强度；

f_y、f'_y——剪力墙边缘构件受拉、受压纵向钢筋的屈服强度；

A_{sb}——剪力墙翼缘受拉斜筋的面积；

A_s、A'_s——腹板内受拉、受压斜筋的面积；

A_{s1}、A'_{s1}——腹板边缘构件受拉、受压纵向钢筋的面积；

A_{sw}——墙体腹板内竖向分布钢筋的面积；

f_{yv}——墙体内竖向分布钢筋屈服强度；

x_1——截面形心到受压边缘的距离；

A_{s2}、A_{s3}——翼缘边缘构件纵筋、竖向分布钢筋的面积；

α——斜筋与水平分布筋的夹角；

a_s、a'_s——边缘构件受拉、受压纵向钢筋合力点到截面边缘的距离；

h_w、b_w——墙肢截面高度和厚度；

h_f、h'_f——墙肢受拉、受压端部边缘构件截面高度；

H——剪力墙高度（水平加载点距基础顶面距离）。

（3）计算值与实测值比较。

为与实测值进行比较，计算过程中钢筋取实测屈服强度，混凝土取实测抗压强度。按上述公式计算所得 2 个试件不同受压方向的水平极限承载力与实测值比较见表 9-2。

承载力计算结果 表 9-2

模型	正向			负向		
	计算值(kN)	实测值(kN)	误差(%)	计算值(kN)	实测值(kN)	误差(%)
SWT-1	337.33	339.92	−0.76	−178.98	−179.98	−0.56
SWTX-1	396.23	401.99	−1.43	−180.99	−181.14	−0.08

9.2.6 单排配筋 T 形剪力墙翼缘方向正截面承载力计算模型与公式

由 2 个试件的破坏形态及实测钢筋应变可知，单排配筋剪力墙由其配筋率低，抗弯承载力较小，最终以弯曲破坏为主，即发生大偏压破坏。

（1）基本假设。

1）截面应变分布满足平截面假定；

2）翼缘墙体中受拉、受压边缘构件纵筋全部屈服；

3）翼缘内在腹板边缘以外的受拉竖向分布钢筋全部屈服，腹板内竖向钢筋按 50% 受拉屈服考虑；

4）不计受拉区混凝土的受拉作用；

5）对于带交叉斜筋的单排配筋剪力墙，假定受拉侧斜筋全部屈服，受压侧在边缘构件范围内的斜筋达到屈服。

（2）计算承载力模型与公式。

承载力计算模型如图 9-7 所示。

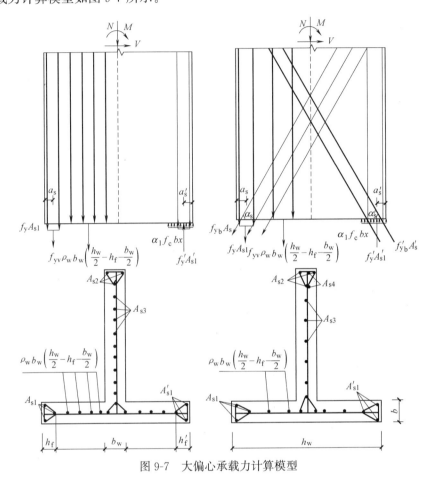

图 9-7　大偏心承载力计算模型

试件 SWT-2，根据力平衡条件及边缘构件配筋的对称性可得：

$$N=\alpha_1 f_c bx - f_{yv}\rho_w b_w\left(\frac{h_w}{2}-h_f-\frac{b_w}{2}\right)-f_y A_{s2}-f_{yv}A_{s3} \tag{9-27}$$

$$Ne'=f_y A_{s1}\left(h_w-a_s-\frac{x}{2}\right)+f'_y A'_{s1}\left(\frac{x}{2}-a'_s\right)+f_{yv}\rho_w b_w\left(\frac{h_w}{2}-h_f-\frac{b_w}{2}\right)$$
$$\left(\frac{3h_w}{4}+\frac{b_w}{4}-\frac{h_f}{2}-\frac{x}{2}\right)+(f_y A_{s2}+f_{yv}A_{s3})\left(\frac{h_w}{2}-\frac{x}{2}\right) \tag{9-28}$$

试件 SWTX-2，根据力平衡条件及边缘构件配筋的对称性可得：

$$N=\alpha_1 f_c bx+f'_{yb}A'_s\sin\alpha-f_{yb}A_s\sin\alpha-f_{yv}\rho_w b_w$$
$$\left(\frac{h_w}{2}-h_f-\frac{b_w}{2}\right)-f_y A_{s2}-f_{yv}A_{s3}-f_{yb}A_{s4}\sin\alpha \tag{9-29}$$

$$Ne' = f_y A_{s1}\left(h_w - a_s - \frac{x}{2}\right) + f'_y A'_{s1}\left(\frac{x}{2} - a'_s\right) + f_{yv}\rho_w b_w\left(\frac{h_w}{2} - h_f - \frac{b_w}{2}\right)$$

$$\left(\frac{3h_w}{4} + \frac{b_w}{4} - \frac{h_f}{2} - \frac{x}{2}\right) + (f_y A_{s2} + f_{yv}A_{s3} + f_{yb}A_{s4}\sin\alpha)\left(\frac{h_w}{2} - \frac{x}{2}\right) + \tag{9-30}$$

$$f_{yb}A_s\sin\alpha\left(h_w - h_f - \frac{x}{2}\right) + f'_{yb}A'_s\sin\alpha\left(\frac{x}{2} - a'_s\right)$$

剪力墙的水平承载力为：

$$F = M/N = Ne_0/H \tag{9-31}$$

式中 $e' = e_0 - \dfrac{h_w}{2} + a'_s$；偏心距 $e_0 = M/N$；H 为剪力墙高度（水平加载点距基础顶面距离）。

图 9-7 中：

x——混凝土受压区高度；

f_y、f'_y——剪力墙端部边缘构件受拉、受压纵向钢筋的屈服强度；

f_{yb}、f'_{yb}——墙体内受拉、受压斜筋屈服强度；

A_{s1}、A'_{s1}——剪力墙翼缘端部边缘构件受拉、受压纵向钢筋的面积；

A_{sw}、A'_{sw}——翼墙受拉、受压纵筋总面积；

f_{yv}——墙体内竖向分布钢筋屈服强度；

ρ_w——墙体内竖向分布钢筋的配筋率；

A_{s2}、A_{s3}、A_{s4}——剪力墙腹板内边缘构件纵筋、竖向分布钢筋、斜筋面积的 50%；

α_s、α'_s——斜筋与水平分布筋的夹角；

ρ_w——平行于水平加载方向的剪力墙竖向分布钢筋配筋率；

A_s、A'_s——剪力墙翼缘内受拉、受压斜筋的面积；

a_s、a'_s——剪力墙端部边缘构件受拉、受压纵向钢筋合力点到截面边缘的距离；

h_w、b_w——墙肢截面高度和厚度；

h_f、h'_f——墙肢受拉、受压端部边缘构件截面高度。

（3）计算值与实测值比较。

用上述计算公式进行计算，得到本书中两试件的水平极限承载力。为了与试验值进行比较，计算过程中钢筋取实测屈服强度，混凝土取实测抗压强度。计算结果及与实测值比较见表 9-3。

承载力计算结果 表 9-3

试件编号	计算值（kN）	实测值（kN）	相对误差（%）
SWT-2	215.89	212.33	1.64
SWTX-2	249.72	245.64	1.63

9.2.7 单排配筋 L 形剪力墙工程轴方向正截面承载力计算模型与公式

由 SWL-1 和 SWLX-1 的破坏形态及实测钢筋应变可知，试件受拉一侧底部暗柱纵筋首先屈服，之后受压一侧暗柱纵筋屈服，最后混凝土压酥，试件最终以弯曲破坏为主，即发生大偏压破坏。

（1）基本假设。

1）不计受拉区混凝土的受拉作用；

2）翼缘受拉时，腹板受拉和受压边缘构件纵筋全部屈服，距受压边 $1.5x$（混凝土受压区高度）范围以外的竖向受拉分布钢筋全部屈服；翼缘受拉钢筋的贡献按其屈服折减强度考虑，折减系数 ζ 取 0.1；

3）翼缘受压时，参照倒 L 形截面梁受压翼缘宽度的取值方法，剪力墙的受压翼缘计算宽度 b_f 取 250mm，受拉侧暗柱纵筋全部屈服，距受压边 $1.5x$（混凝土受压区高度）范围以外的竖向受拉分布钢筋屈服，受压侧暗柱最外侧纵筋屈服；

4）翼缘受压时，假定腹板内纵筋全部受拉屈服，翼缘中心线附近纵筋忽略不计，翼缘最外侧纵筋受压屈服，最内侧纵筋受拉屈服，对于带交叉斜筋的单排配筋剪力墙，假定受拉侧斜筋全部屈服，受压侧最外一根斜筋达到屈服，对带斜筋的剪力墙，假定受拉侧斜筋全部屈服，翼缘受拉时，受压侧斜筋有 2/3 屈服；翼缘受压时，受压斜筋有 1/3 屈服。

（2）计算承载力模型与公式。

SWL-1、SWLX-1 承载力计算模型见图 9-8、图 9-9。

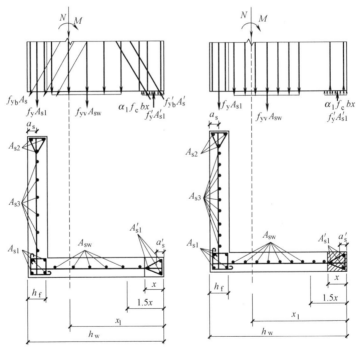

图 9-8　翼缘受拉时两试件承载力计算模型

试件 SWL-1，翼缘受拉时，根据力平衡条件及边缘构件配筋的对称性可得：

$$N = \alpha_1 f_c bx + f'_y A'_{s1} - f_y A_{s1} - \zeta f_y A_{s2} - \zeta f_{yv} A_{s3} - f_{yv} A_{sw} \tag{9-32}$$

$$Ne' = (f_y A_{s1} + \zeta f_y A_{s2} + \zeta f_{yv} A_{s3})\left(h_w - \frac{h_f}{2} - \frac{x}{2}\right) + f_{yv} A_{sw}\left(\frac{h_w - b_w}{2} + \frac{x}{4}\right) + f'_y A'_{s1}\left(\frac{x}{2} - a'_s\right)$$

$$\tag{9-33}$$

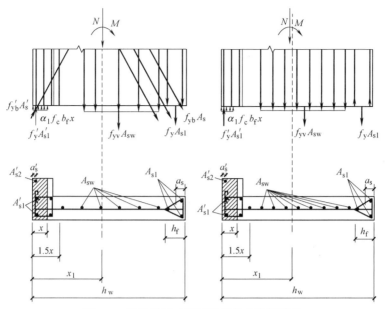

图 9-9　翼缘受压时两试件承载力计算模型

翼缘受压时

$$N=\alpha_1 f_c b_f x+f'_y A'_{s1}+f'_y A'_{s2}-f_y A_{s1}-f_{yv}A_{sw} \tag{9-34}$$

$$Ne'=f_y A_{s1}\left(h_w-\frac{x}{2}-a_s\right)+f_{yv}A_{sw}\left(\frac{h_w-h_f}{2}+\frac{x}{4}\right)+(f'_y A'_{s1}+f'_y A'_{s2})\left(\frac{x}{2}-a'_s\right)$$

$$\tag{9-35}$$

试件 SWLX-1，翼缘受拉时，根据力平衡条件及边缘构件配筋的对称性可得：

$$N=\alpha_1 f_c bx+f'_y A'_{s1}+f'_{yb}A'_s\sin\varphi-f_y A_{s1}-\zeta f_y A_{s2}-\zeta f_{yv}A_{s3}- \tag{9-36}$$
$$\zeta f_{sb}A_{sb}\sin\varphi-f_{yv}A_{sw}-f_{yb}A_s\sin\varphi$$

$$Ne'=(f_y A_{s1}+\zeta f_y A_{s2}+\zeta f_{yv}A_{s3}+\zeta f_{sb}A_{sb}\sin\varphi)\left(h_w-\frac{h_f}{2}-\frac{x}{2}\right)+f_{yb}A_s\sin\varphi\left(h_w-h_f-\frac{x}{2}\right)+$$

$$f_{yv}A_{sw}\left(\frac{h_w-b_w}{2}+\frac{x}{4}\right)+f'_y A'_{s1}\left(\frac{x}{2}-a'_s\right)+f'_{yb}A'_s\sin\varphi\left(\frac{x}{2}-a'_s\right)$$

$$\tag{9-37}$$

翼缘受压时

$$N=\alpha_1 f_c b_f x+f'_y A'_{s1}+f'_y A'_{s2}+f'_{yb}A'_s\sin\varphi-f_y A_{s1}-f_{yv}A_{sw}-f_{yb}A_s\sin\varphi \tag{9-38}$$

$$Ne'=f_y A_{s1}\left(h_w-a_s-\frac{x}{2}\right)+f_{yb}A_s\sin\varphi\left(h_w-h_f-\frac{x}{2}\right)+f_{yv}A_{sw} \tag{9-39}$$

$$\left(\frac{h_w-h_f}{2}+\frac{x}{4}\right)+(f'_y A'_{s1}+f'_y A'_{s2})\left(\frac{x}{2}-a'_s\right)+f'_{yb}A'_s\sin\varphi\left(\frac{x}{2}-a'_s\right)$$

剪力墙的水平承载力为：

$$F=M/N=Ne_0/H \tag{9-40}$$

式中 $e'=e_0-x_1+a_s$；偏心距 $e_0=M/N$

图 9-8、图 9-9 中：

x——混凝土受压区高度；

f_{sb}——剪力墙翼缘内受拉斜筋屈服强度；

f_{yb}、f'_{yb}——剪力墙腹板内受拉、受压斜筋屈服强度；

f_y、f'_y——剪力墙端部边缘构件受拉、受压纵向钢筋的屈服强度；

A_{sb}——剪力墙翼缘内受拉斜筋的面积；

A_s、A'_s——剪力墙腹板内受拉、受压斜筋的面积；

A_{s1}、A'_{s1}——剪力墙腹板端部边缘构件受拉、受压纵向钢筋的面积；

A_{sw}——剪力墙腹板受拉纵筋的计算面积；

f_{yv}——墙体内竖向分布钢筋屈服强度；

x_1——截面形心到受压边缘的距离；

A_{s2}、A'_{s2}——剪力墙翼缘边缘构件受拉、受压纵向钢筋的面积；

A_{s3}——剪力墙翼缘受拉分布纵筋的面积；

α——斜筋与水平分布筋的夹角；

a_s、a'_s——剪力墙端部边缘构件受拉、受压纵向钢筋合力点到截面边缘的距离；

h_w、b_w——墙肢截面高度和厚度；

h_f、h'_f——墙肢受拉、受压端部边缘构件截面高度；

H——剪力墙高度（水平加载点距基础顶面距离）。

（3）计算值与实测值比较。

计算过程中钢筋取实测屈服强度，混凝土取实测抗压强度，以更好地与承载力试验值进行比较。上述公式计算的两个试件正向加载时的水平极限承载力与实验值结果见表9-4。

承载力计算结果 表 9-4

模型	正向			负向		
	计算值(kN)	实测值(kN)	误差(%)	计算值(kN)	实测值(kN)	误差(%)
SWL-1	258.56	244.73	5.35	−198.28	−205.31	−3.42
SWLX-1	275.18	266.48	3.16	−243.99	−249.25	−2.11

9.2.8 单排配筋混凝土剪力墙斜截面承载力计算

1. 斜截面承载力计算基本假定

剪力墙斜截面抗剪承载力计算模型如图9-10所示。

斜截面所抗剪力考虑由三部分组成：考虑轴压力贡献的混凝土剪压区的剪力 V_c；与斜裂缝相交的水平分布筋的剪力 V_s；与斜裂缝相交的斜向钢筋的剪力 V_b。

2. 抗剪承载力计算

单排配筋混凝土剪力墙斜截面承载力公式为：

$$V_\mu = V_c + V_s + V_b \tag{9-41}$$

$$V_\mu = \frac{1}{\lambda - 0.5}\left(0.5 f_t b_w h_{w0} + 0.13 N \frac{A_w}{A}\right) + f_{yh} \frac{A_{sh}}{s} h_{w0} + V_{bs} \tag{9-42}$$

$$V_{bs} = f_{yb} A_{sb} \cos\theta \tag{9-43}$$

式中　V_{bs}——斜向钢筋对抗剪承载力的贡献值；

$\quad\quad f_t$——混凝土抗拉强度设计值；

$\quad\quad f_{yh}$——水平分布筋抗拉强度；

$\quad\quad f_{yb}$——斜向筋抗拉强度；

$\quad\quad s$——水平分布筋间距；

$\quad\quad A$——剪力墙截面面积；

$\quad\quad A_w$——矩形面积取 A、Z 形截面剪力墙为腹板面积；

$\quad\quad A_{sh}$——水平分布钢筋面积；

$\quad\quad A_{sb}$——斜向钢筋面积；

$\quad\quad b_w$——剪力墙截面宽度；

$\quad\quad \lambda$——计算截面处剪跨比，$\lambda<1.5$ 时，取 $\lambda=1.5$；

$\quad\quad\quad$ $\lambda>2.2$ 时，取 2.2；

$\quad\quad N$——轴力；

$\quad\quad h_{w0}$——剪力墙截面有效高度，$h_{w0}=h_w-a_s$；

$\quad\quad \theta$——斜筋倾角。

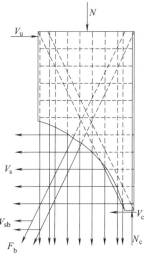

图 9-10　抗剪承载力计算模型

上述剪力墙抗剪承载力计算公式具有一般性：当不设斜向钢筋时，$V_b=0$，式（9-38）退化为双向单排配筋混凝土剪力墙的抗剪承载力计算公式；当设置斜向钢筋时，$V_b=V_{bs}$，式（9-39）为带斜筋双向单排配筋混凝土剪力墙的抗剪承载力计算公式。

9.3　剪力墙承载力计算值与实测值比较

各剪力墙承载力计算值与实测值比较见表 9-5。

剪力墙承载力计算值与实测值比较　　　　　　　　　　　　　　　表 9-5

试件编号	斜截面承载力(kN)	正截面承载力		
		计算值(kN)	实测值(kN)	相对误差(%)
SWI-1	318.53	265.58	314.78	−15.63
SWIX-1	306.42	276.38	330.15	−16.29
SWI-2	398.13	295.35	320.03	−7.71
SWIX-2	386.02	303.76	331.45	−8.35
SWZ-1	366.67	249.09	237.31	4.96
SWZX-1	327.06	292.15	300.43	−2.76
SWZ-2	581.15	151.52	149.28	1.50
SWZX-2	508.55	172.48	170.38	1.23

由表 9-5 可见：

（1）各剪力墙的斜截面抗剪承载力明显大于正截面抗弯承载力，剪力墙为"强剪弱弯"型破坏，即各剪力墙最终发生弯曲破坏为主，与试验结果符合较好。

（2）利用正截面承载力计算公式所得计算结果与实测结果的相对误差较小，计算值与实测值符合较好。

9.4　本章小结

建立了带斜筋双向单排配筋混凝土矩形截面低矮剪力墙、Z形截面中高剪力墙、T形截面中高剪力墙和L形截面中高剪力墙的极限承载力的计算模型和理论公式；给出了弹性刚度简化计算公式；建立了带斜筋双向单排配筋混凝土剪力墙斜截面抗剪承载力计算公式；对抗弯极限承载力、抗剪极限承载力和初始刚度进行了计算分析，计算所得的抗弯极限承载力和初始刚度与试验结果符合较好。

单排配筋混凝土矩形及Z形剪力墙有限元分析

10.1 引言

本书利用 ABAQUS 软件对单排配筋剪力墙试件进行了弹塑性有限元分析。ABAQUS 是一套功能强大的基于有限元方法的模拟软件，它可以解决从线性分析到非线性模拟等各种问题。ABAQUS 具备十分丰富的单元库和材料模型库，可以较好地模拟剪力墙的受力过程，从而全面地认识其受力机理。

由于构件在低周反复荷载作用下的骨架曲线与单调荷载作用下的荷载-位移曲线形状相似，各项指标的变化规律总体上基本一致，只是试验数值有所差别，因此本书利用有限元软件 ABAQUS 6.11.1 对单排配筋剪力墙试件在单调荷载作用下的荷载-位移曲线及不同阶段的工作性能进行了有限元分析。

10.2 模型建立

10.2.1 材料本构关系

1. 钢筋本构关系

本构关系是指结构或者构件受力过程中材料受力和变形关系的概括，在实际计算中常以应力和应变的关系来描述，对结构进行有限元分析首先必须定义其材料的本构关系。

本书中，钢筋采用等向弹塑性模型（Plasticity），该模型适合模拟金属材料的弹塑性关系。在该模型中用有限多个给定的应力和应变关系的点来逼近金属材料的应力-应变关系曲线。

在 ABAQUS 中，典型的金属塑性模型定义了大部分金属的后屈服特性。ABAQUS 用连接给定数据点的一系列直线来平滑地逼近金属材料的应力-应变关系。由于可以采用任意多个点来逼近实际的材料行为，所以就有可能描绘出非常接近真实情况的材料行为。

在用来定义塑性性能的材料试验数据中，一般提供的应变很可能是材料的总应变而非塑性应变，所以必须将总应变分解成为弹性和塑性应变。

2. 混凝土材料本构关系的定义

在有限元分析时通常将混凝土看作各项同性的、均质的材料来做结构或构件的宏观分析。混凝土本构关系的定义关系到结构或构件强度、刚度以及延性的计算，是有限元分析混凝土结构的关键。

采用 ABAQUS 模拟混凝土结构时，常选用的混凝土本构关系模型有两种，分别是混凝土损伤塑性模型和弥散裂纹模型。本书中采用损伤塑性模型来模拟混凝土的受力性能。本构关系参照现行规范《结构抗震设计规范》GB 50011（2016 年版）建议的混凝土应力-应变关系确定，采用的混凝土单轴应力-应变关系曲线见图 10-1（a），混凝土塑形损伤曲线见图 10-1（b）。图 10-1（a）中，横坐标为混凝土压应变 ε，纵坐标为混凝土压应力 σ。根据材性试验结果，确定了混凝土立方体抗压强度和棱柱体弹性模量，计算中取其实测值，泊松比取 0.2。"σ-ε" 曲线方程如下：

$$\sigma = (1 - d_c) E_c \varepsilon \tag{10-1}$$

当 $x \leqslant 1$，
$$d_c = 1 - \frac{\rho_c n}{n - 1 + x^n} \tag{10-2}$$

当 $x > 1$，
$$d_c = 1 - \frac{\rho_c}{\alpha_c (x-1)^2 + x} \tag{10-3}$$

$$\rho_c = \frac{f_{c,r}}{E_c \varepsilon_{c,r}}, \quad n = \frac{E_c \varepsilon_{c,r}}{E_c \varepsilon_{c,r} - f_{c,r}}, \quad x = \frac{\varepsilon}{\varepsilon_{c,r}}$$

式中 α_c——混凝土单轴受压应力-应变曲线下降段参数值；

      $f_{c,r}$——混凝土单轴抗压强度代表值；

      $\varepsilon_{c,r}$——与单轴抗压强度 $f_{c,r}$ 相应的混凝土峰值压应变；

      d_c——混凝土单轴受压损伤演化参数。

计算中，按本文实测混凝土抗压强度与弹性模量。

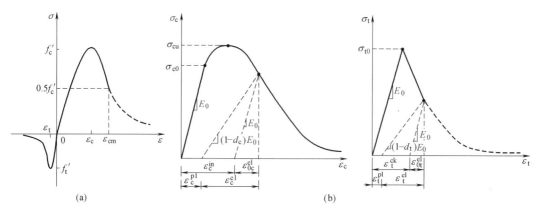

图 10-1   混凝土单轴应力-应变关系曲线和混凝土塑性损伤曲线

（a）混凝土单轴应力-应变关系曲线；（b）混凝土塑性损伤曲线

注：混凝土受拉、受压应力-应变曲线示意绘于同一坐标系中，但取不同的比例。符号取"受拉为负，受压为正"。

3. 单元选取及网格划分

为了保证计算的精度，同时兼顾计算的经济性，混凝土采用 8 节点三维减缩积分实体单元 C3D8R，并采用全部为六面体的结构化网格划分技术划分网格；钢筋采用三维桁架单元 T3D2。矩形截面剪力墙网格划分见图 10-2（a），Z 形截面剪力墙网格划分见图 10-2（b）。

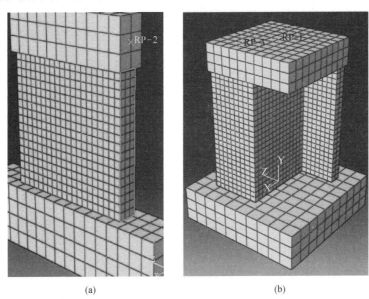

(a)   (b)

图 10-2　网格划分
（a）矩形截面剪力墙网格划分；（b）Z 形截面剪力墙网格划分

10.2.2　接触模拟

混凝土剪力墙接触模拟，包括钢筋与混凝土接触、地基与混凝土墙体接触、加载梁与混凝土墙体接触。混凝土墙体与基础及加载梁的连接均采用绑定约束（Tie）。水平、竖向分布钢筋，斜向钢筋均嵌入（Embed）到整个剪力墙模型中。

10.2.3　边界条件及加载方式

模型基础采用了完全固接的边界条件来模拟试验中对基础的约束形式；加载时，先将竖向荷载施加于加载梁上并在随后的水平位移施加过程中保持不变，再将水平位移施加于加载梁上，水平位移采用一次性加载的加载方式。

10.3　试验模型模拟

10.3.1　SWI-1 和 SWIX-1 模拟

采用上述数值模拟方法建模，对矩形截面混凝土低矮剪力墙试件进行了数值模拟。图 10-3 给出了计算所得 2 个试件计算与实测"水平荷载 F-水平位移 U"骨架曲线，计算与试验符合较好。

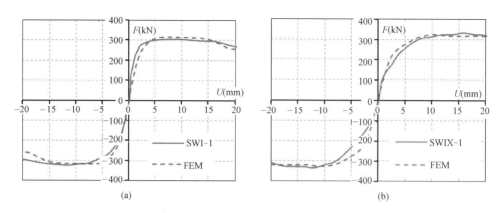

图 10-3　计算与试验结果骨架曲线比较

（a）SWI-1 的计算与实测骨架曲线；（b）SWIX-1 的计算与实测骨架曲线

图 10-4 给出了 SWI-1、SWIX-1 试件位移角达 1/50 时，模拟所得钢筋骨架应力云图和混凝土受压损伤图及破坏现象。其中，图 10-4（a）为 SWI-1 加载至 1/50 位移角时钢筋应力云图和混凝土受压损伤图及破坏现象，图 10-4（b）为 SWIX-1 加载至 1/50 位移角时钢筋应力云图和混凝土受压损伤图及破坏现象。

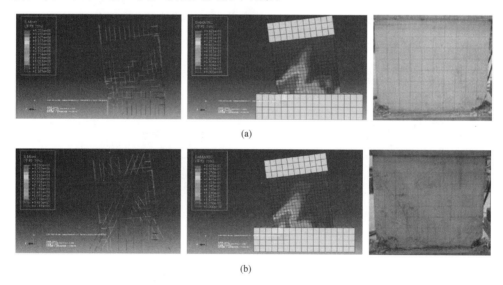

图 10-4　SWI-1 与 SWIX-1 比较

（a）SWI-1 的钢筋应力云图、混凝土受压损伤图及破坏现象；

（b）SWIX-1 的钢筋应力云图、混凝土受压损伤图及破坏现象

10.3.2　SWI-2 和 SWIX-2 模拟

采用上述数值模拟方法建模，对矩形截面混凝土低矮剪力墙试件进行了数值模拟。图 10-5 给出了计算所得 2 个试件计算与实测"水平荷载 F-水平位移 U"骨架曲线，计算与试验符合较好。

图 10-6 给出了 SWI-2、SWIX-2 试件位移角达 1/50 时，模拟所得钢筋应力云图和混

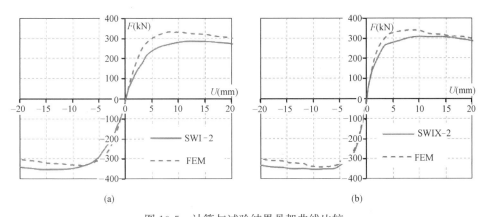

(a) (b)

图 10-5　计算与试验结果骨架曲线比较

（a）SWI-2 的计算与实测骨架曲线；（b）SWIX-2 的计算与实测骨架曲线

凝土受压损伤图及破坏照片。其中，图 10-6（a）为 SWI-2 加载至 1/50 位移角时钢筋应力云图和混凝土受压损伤图及破坏照片，图 10-6（b）为 SWIX-2 加载至 1/50 位移角时钢筋应力云图和混凝土受压损伤图及破坏照片。

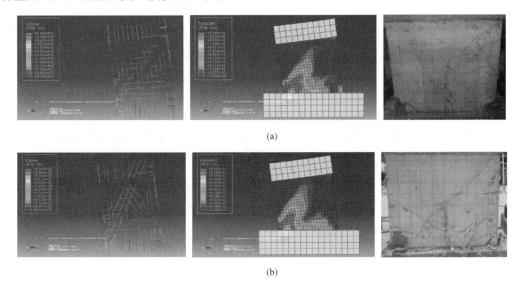

(a)

(b)

图 10-6　SWI-2 与 SWIX-2 比较

（a）SWI-2 的钢筋应力云图、混凝土受压损伤图及破坏现象；
（b）SWIX-2 的钢筋应力云图、混凝土受压损伤图及破坏现象

10.3.3　SWZ-1 和 SWZX-1 模拟

采用上述数值模拟方法建模，对 Z 形截面混凝土剪力墙试件进行了数值模拟。图 10-7 给出了计算所得 2 个试件计算与实测"水平荷载 F-水平位移 U"骨架曲线，计算与试验符合较好。

图 10-8 给出了 SWZ-1、SWZX-1 试件模拟所得试件钢筋骨架应力云图和混凝土受压损伤图及破坏现象。其中，图 10-8（a）为试件 SWZ-1 加载至 40mm 位移时钢筋应力云图

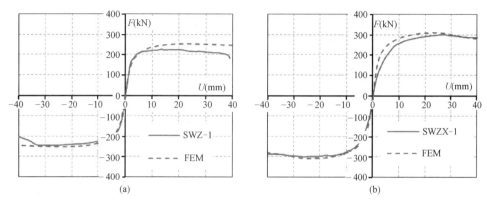

(a) (b)

图 10-7　计算与试验结果骨架曲线比较

（a）SWZ-1 的计算与实测骨架曲线；（b）SWZX-1 的计算与实测骨架曲线

和混凝土受压损伤图及破坏现象，图 10-8（b）为试件 SWZX-1 加载至 40mm 位移时钢筋应力云图和混凝土受压损伤图及破坏现象。

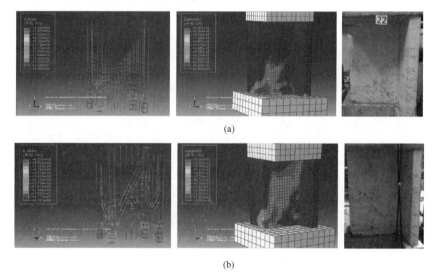

(a)

(b)

图 10-8　SWZ-1 与 SWZX-1 比较

（a）SWZ-1 的钢筋应力云图、混凝土受压损伤图及破坏现象；

（b）SWZX-1 的钢筋应力云图、混凝土受压损伤图及破坏现象

10.3.4　SWZ-2 和 SWZX-2 模拟

采用上述数值模拟方法建模，对 Z 形截面混凝土剪力墙试件进行了数值模拟。图 10-9 给出了计算所得 2 个试件计算与实测"水平荷载 F-水平位移 U"骨架曲线，计算与试验符合较好。

图 10-10 给出了 SWZ-2、SWZX-2 试件模拟所得试件钢筋应力云图和混凝土受压损伤图及破坏照片。其中，图 10-10（a）为试件 SWZ-2 加载至 40mm 位移时钢筋应力云图和混凝土受压损伤图及破坏照片，图 10-10（b）为试件 SWZX-2 加载至 40mm 位移时钢筋应力云图和混凝土受压损伤图及破坏照片。

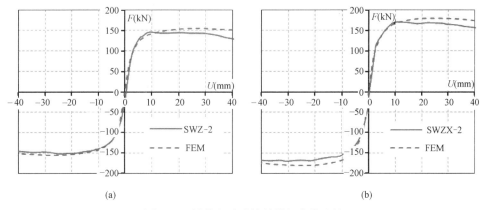

(a)　　　　　　　　　　　　　　　(b)

图 10-9　计算与试验结果骨架曲线比较

（a）SWZ-2 的计算与实测骨架曲线；（b）SWZX-2 的计算与实测骨架曲线

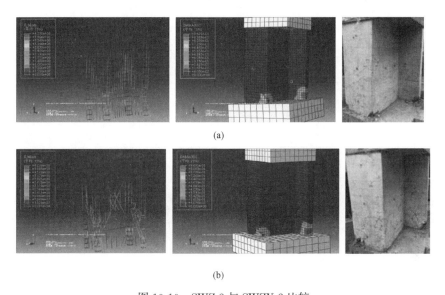

图 10-10　SWZ-2 与 SWZX-2 比较

（a）SWZ-2 的钢筋应力云图、混凝土受压损伤图及破坏现象；
（b）SWZX-2 的钢筋应力云图、混凝土受压损伤图及破坏现象

10.4　设计参数影响与分析

10.4.1　不同配筋率

为研究配筋率对单排配筋剪力墙结构抗震性能的影响，设计了 4 个不同配筋率的普通单排配筋剪力墙试件和 4 个不同配筋率的带斜筋单排配筋剪力墙试件，模拟试件的基础、加载梁、混凝土与图 2-1 及图 2-2 所示相关试验试件参数相同，混凝土强度等级采用 C20。图 10-11 分别给出了计算所得试件混凝土损伤云图、钢筋骨架应力云图。其中配筋率分别为 0.15％、0.25％、0.35％、0.45％，模拟试件钢筋间距没有变化，仅根据不同配筋率

更换其钢筋截面面积。

其中图 10-11 中：（a）为配筋率 0.15％的普通单排配筋剪力墙试件钢筋应力云图和混凝土受压损伤图；（b）为配筋率 0.25％的普通单排配筋剪力墙试件钢筋应力云图和混凝土受压损伤图；（c）为配筋率 0.35％的普通单排配筋剪力墙试件钢筋应力云图和混凝土受压损伤图；（d）为配筋率 0.45％的普通单排配筋剪力墙试件钢筋应力云图和混凝土受压损伤图；（e）为配筋率 0.15％的带斜筋单排配筋剪力墙试件钢筋应力云图和混凝土受压损伤图；（f）为配筋率 0.25％的带斜筋单排配筋剪力墙试件钢筋应力云图和混凝土受压损伤图；（g）为配筋率 0.35％的带斜筋单排配筋剪力墙试件钢筋应力云图和混凝土受压损伤图；（h）为配筋率 0.45％的带斜筋单排配筋剪力墙试件钢筋应力云图和混凝土受压损伤图。

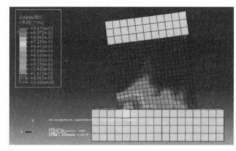

(a)

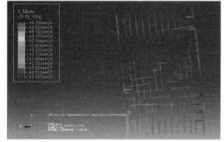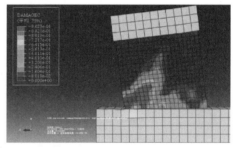

(b)

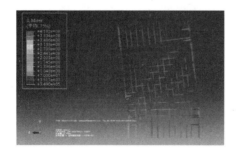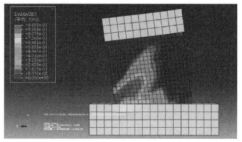

(c)

图 10-11 各个试件钢筋应力云图和受压损伤图（一）

（a）配筋率为 0.15％的普通单排配筋剪力墙钢筋应力云图和混凝土受压损伤图；

（b）配筋率为 0.25％的普通单排配筋剪力墙钢筋应力云图和混凝土受压损伤图；

（c）配筋率为 0.35％的普通单排配筋剪力墙钢筋应力云图和混凝土受压损伤图

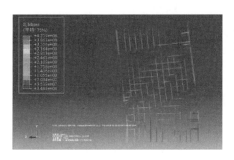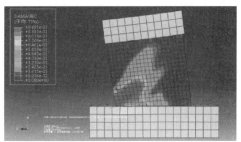

(d)

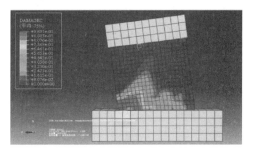

(e)

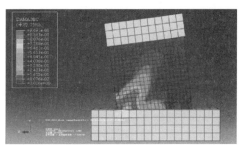

(f)

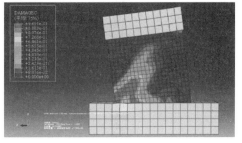

(g)

图 10-11　各个试件钢筋应力云图和受压损伤图（二）

（d）配筋率为 0.45％的普通单排配筋剪力墙钢筋应力云图和混凝土受压损伤图；

（e）配筋率为 0.15％的带斜筋单排配筋剪力墙钢筋应力云图和混凝土受压损伤图；

（f）配筋率为 0.25％的带斜筋单排配筋剪力墙钢筋应力云图和混凝土受压损伤图；

（g）配筋率为 0.35％的带斜筋单排配筋剪力墙钢筋应力云图和混凝土受压损伤图

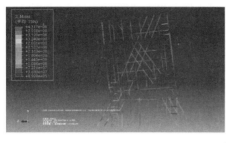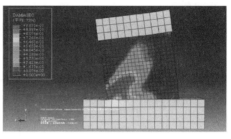

(h)

图 10-11　各个试件钢筋应力云图和受压损伤图（三）

（h）配筋率为 0.45% 的带斜筋单排配筋剪力墙钢筋应力云图和混凝土受压损伤图

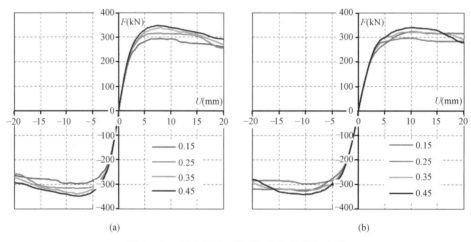

(a)　　　　　　　　　　　　　　　　　　(b)

图 10-12　各个试件"荷载-位移曲线"比较

（a）普通单排配筋剪力墙不同配筋率下计算骨架曲线比较；（b）带斜筋单排配筋剪力墙不同配筋率下计算骨架曲线比较

　　计算所得模拟试件"水平荷载 F-水平位移 U"全过程曲线见图 10-12，图 10-12（a）为普通单排配筋剪力墙在不同配筋率下计算骨架曲线比较，图 10-12（b）为带斜筋单排配筋剪力墙在不同配筋率下计算骨架曲线比较。由图可见：随配筋率增加，承载力增大，但其提高幅度并非线性增长，峰值荷载后的承载力降低速度有所加快，但仍保持了较好的延性，抗震耗能能力增强。

10.4.2　不同轴压比

　　为研究配筋率对单排配筋剪力墙结构抗震性能的影响，设计了 4 个不同轴压比的普通单排配筋剪力墙试件和 4 个不同轴压比的带斜筋单排配筋剪力墙试件，模拟试件的基础、加载梁、混凝土与图 2-1 及图 2-2 所示相关试验试件参数相同，混凝土强度等级采用 C20。图 10-13 分别给出了计算所得试件混凝土损伤云图、钢筋骨架应力云图。其中轴压比分别为 0.15、0.2、0.25、0.3。

　　图 10-13 中：（a）为轴压比 0.15 的普通单排配筋剪力墙试件钢筋应力云图和混凝土受压损伤图；（b）为轴压比 0.2 的普通单排配筋剪力墙试件钢筋应力云图和混凝土受压损伤图；（c）为轴压比 0.25 的普通单排配筋剪力墙试件钢筋应力云图和混凝土受压损伤图；

（d）为轴压比 0.3 的普通单排配筋剪力墙试件钢筋应力云图和混凝土受压损伤图；（e）为轴压比 0.15 的带斜筋单排配筋剪力墙试件钢筋应力云图和混凝土受压损伤图；（f）为配筋率 0.2 的带斜筋单排配筋剪力墙试件钢筋应力云图和混凝土受压损伤图；（g）为配筋率 0.25 的带斜筋单排配筋剪力墙试件钢筋应力云图和混凝土受压损伤图；（h）为配筋率 0.3 的带斜筋单排配筋剪力墙试件钢筋应力云图和混凝土受压损伤图。

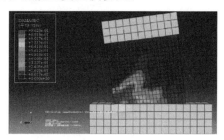

(a)

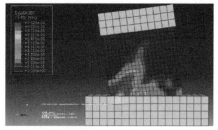

(b)

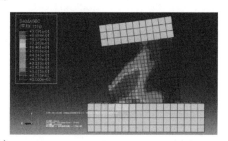

(c)

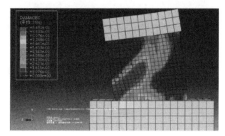

(d)

图 10-13　各个试件钢筋应变和受压损伤图（一）

（a）轴压比为 0.15 的普通单排配筋剪力墙钢筋应力云图和混凝土受压损伤图；

（b）轴压比为 0.2 的普通单排配筋剪力墙钢筋应力云图和混凝土受压损伤图；

（c）轴压比为 0.25 的普通单排配筋剪力墙钢筋应力云图和混凝土受压损伤图；

（d）轴压比为 0.3 的普通单排配筋剪力墙钢筋应力云图和混凝土受压损伤图

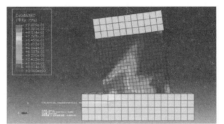

(e)

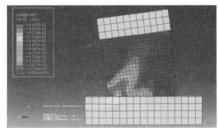

(f)

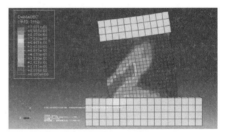

(g)

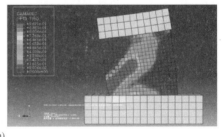

(h)

图 10-13　各个试件钢筋应变和受压损伤图（二）

（e）轴压比为 0.15 的带斜筋单排配筋剪力墙钢筋应力云图和混凝土受压损伤图；

（f）轴压比为 0.2 的带斜筋单排配筋剪力墙钢筋应力云图和混凝土受压损伤图；

（g）轴压比为 0.25 的带斜筋单排配筋剪力墙钢筋应力云图和混凝土受压损伤图；

（h）轴压比为 0.3 的带斜筋单排配筋剪力墙钢筋应力云图和混凝土受压损伤图

计算所得模拟试件"水平荷载 F-水平位移 U"全过程曲线见图 10-14，图 10-14（a）为普通单排配筋剪力墙在不同轴压比下计算骨架曲线比较，图 10-14（b）为带斜筋单排

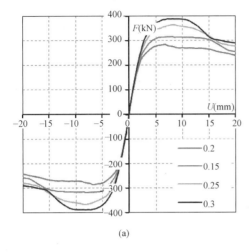
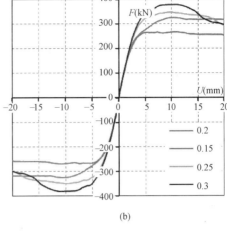

图 10-14　各个试件"水平荷载 F-水平位移 U 曲线"比较

（a）普通单排配筋剪力墙不同轴压比下计算骨架曲线比较；

（b）带斜筋单排配筋剪力墙不同轴压比下计算骨架曲线比较

配筋剪力墙在不同轴压比下计算骨架曲线比较。由图 10-14 可见：随着轴压比增加，承载力增大，但其提高幅度并非线性增长，峰值荷载后的性能变差，延性系数降低。

10.4.3　不同混凝土强度等级

为研究混凝土强度等级对单排配筋剪力墙结构抗震性能的影响，在相同配筋率下设计了 4 个不同混凝土强度等级的普通单排配筋剪力墙试件和 4 个不同混凝土的带斜筋单排配筋剪力墙试件，模拟试件的基础、加载梁、混凝土与图 2-1 及 2-2 所示相关试验试件参数相同，剪力墙配筋率为 0.25%，图 10-15 分别给出了计算所得试件混凝土损伤云图、钢筋骨架应力云图。其中混凝土强度等级分别为 C20、C30、C40、C50。

其中图 10-15 中：（a）为混凝土强度等级 C20 的普通单排配筋剪力墙试件钢筋应力云图和混凝土受压损伤图；（b）为混凝土强度等级 C30 的普通单排配筋剪力墙试件钢筋应力云图和混凝土受压损伤图；（c）为混凝土强度等级 C40 的普通单排配筋剪力墙试件钢筋应力云图和混凝土受压损伤图；（d）为混凝土强度等级 C50 的普通单排配筋剪力墙试件钢筋应力云图和混凝土受压损伤图；（e）为混凝土强度等级 C20 的带斜筋单排配筋剪力墙试件钢筋应力云图和混凝土受压损伤图；（f）为混凝土强度等级 C30 的带斜筋单排配筋剪力墙试件钢筋应力云图和混凝土受压损伤图；（g）为混凝土强度等级 C40 的带斜筋单排配筋剪力墙试件钢筋应力云图和混凝土受压损伤图；（h）为配筋率为混凝土强度等级 C50 的带斜筋单排配筋剪力墙试件钢筋应力云图和混凝土受压损伤图。

计算所得模拟试件"水平荷载 F-水平位移 U"全过程曲线见图 10-16，图 10-16（a）为普通单排配筋剪力墙不同混凝土强度等级下计算骨架曲线比较，图 10-16（b）为带斜筋单排配筋剪力墙不同混凝土强度等级下计算骨架曲线比较。由图 10-16 可见：随着混凝土强度等级增加，承载力有所增大，但其提高幅度不明显，其抗震耗能能力有所增强。

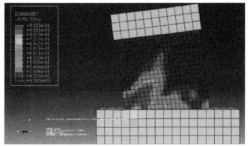

(a)

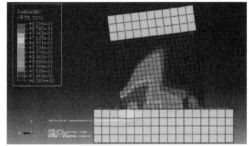

(b)

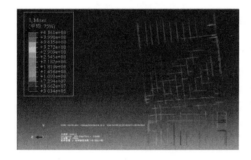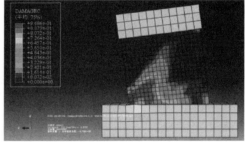

(c)

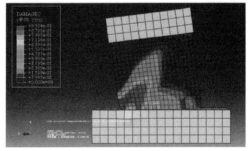

(d)

图 10-15　各个试件钢筋应变和受压损伤图（一）

（a）混凝土强度等级为 C20 的普通单排配筋剪力墙钢筋应力云图和混凝土受压损伤图；

（b）混凝土强度等级为 C30 的普通单排配筋剪力墙钢筋应力云图和混凝土受压损伤图；

（c）混凝土强度等级为 C40 的普通单排配筋剪力墙钢筋应力云图和混凝土受压损伤图；

（d）混凝土强度等级为 C50 的普通单排配筋剪力墙钢筋应力云图和混凝土受压损伤图

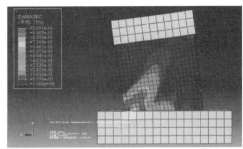

(e)

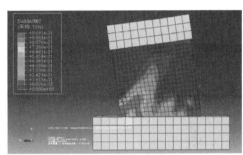

(f)

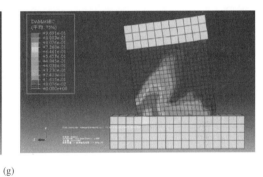

(g)

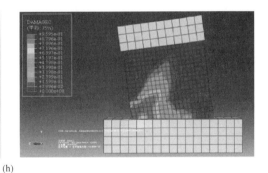

(h)

图 10-15　各个试件钢筋应变和受压损伤图（二）

（e）混凝土强度等级为 C20 的带斜筋单排配筋剪力墙钢筋应力云图和混凝土受压损伤图；

（f）混凝土强度等级为 C30 的带斜筋单排配筋剪力墙钢筋应力云图和混凝土受压损伤图；

（g）混凝土强度等级为 C40 的带斜筋单排配筋剪力墙钢筋应力云图和混凝土受压损伤图；

（h）混凝土强度等级为 C50 的带斜筋单排配筋剪力墙钢筋应力云图和混凝土受压损伤图

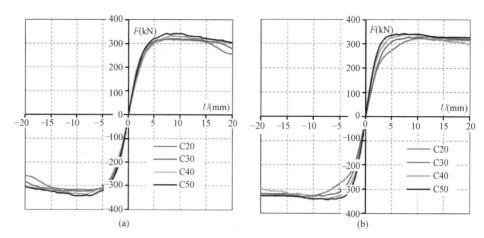

图 10-16　各个试件"水平荷载 F-水平位移 U 曲线"比较
（a）普通单排配筋剪力墙不同混凝土强度等级下计算骨架曲线比较；
（b）带斜筋单排配筋剪力墙不同混凝土强度等级下计算骨架曲线比较

10.5　本章小结

本章采用通用有限元分析软件 ABAQUS 对单排配筋剪力墙建立了有限元分析模型，并且分析了不同配筋率、不同轴压比和不同混凝土强度等级对单排配筋矩形截面低矮剪力墙的影响。建模过程中参考了以往混凝土剪力墙受力性能的研究成果，选取了相应材料的本构关系；选取了合适的单元类型并对结构进行了单元划分，保证了计算精度与效率；考虑了钢筋与混凝土之间的相互作用，定义了二者的接触类型；设置了合理的边界条件和加载方式；确定了非线性方程组的解法等，计算骨架曲线与实测符合较好。

单排配筋混凝土T形及L形剪力墙有限元分析

11.1 模型的建立

见本书10.2节内容。

11.1.1 材料属性

1. 混凝土本构关系

混凝土的本构关系选用现行《混凝土结构设计规范》GB 50010（2015年版）中的简化拉/压应力-应变曲线。ABAQUS/Standard板块中自带两种混凝土模型：损伤塑性模型（Concrete Damaged Plasticity）和弥散裂缝模型（Concrete Smeared Cracking）。损伤塑性模型可以模拟如梁、桁架、实体等各种类型的混凝土结构；可以模拟单调加载、循环加载和动态加载等力学行为。本章混凝土材料选择损伤塑性模型来定义，混凝土损伤塑性模型通过损伤参数来定义，假定混凝土主要出现两种破坏：压缩破坏和拉伸破坏。弹性阶段的弹性模量 E_0，进入塑性阶段后采用拉压损伤因子来定义。

2. 钢筋本构关系

钢筋采用无强化的二折线本构模型，即屈服前为完全弹性，弹性模量为钢筋材料实测值；屈服后钢筋应力-应变关系为平直线。

11.1.2 单元选取

线性减缩积分单元对位移的求解结果较精确，在弯曲荷载下不容易发生剪切自锁，且网格存在扭曲变形时，分析精度不会受到大的影响，但要划分较细的网格来克服沙漏问题。本章模型建立中，混凝土采用三维实体线性减缩积分单元（C3D8R）；钢筋采用T3D2桁架单元；混凝土和钢筋之间的相互作用通过钢筋嵌入（Embedded）来实现。

11.1.3 边界条件与加载方案

在分析过程中，ABAQUS 的求解器会自动从一种分析类型切换到另一种分析类型，模型的响应也会随着分析的运行而自动更新，前一分析步的分析结果将会延续到后一分析步中。本章模拟加载过程中，通过三个分析步：初始分析步 Initial，Step-1（Static，General），Step-2（Static，General）来实现。初始分析步描述模型的初始状态，本章利用初始分析步来控制试件基础的边界条件，即上端自由，下端固定。Step-1，Step-2 为后续分析步，用来描述模型的加载变化的过程。为使集中荷载转化为面上均布荷载，加载控制点和加载面采用分布耦合（Distribute Coupling），采用已创建的分析步 Step-1 在加载梁的顶端施加恒定竖向荷载，以控制试件的轴压比不变。利用 Step-2 在加载梁施加水平荷载，水平荷载使用一次性加载方式。基础、加载板分别和墙体实行绑定约束（Tie Constraint）。

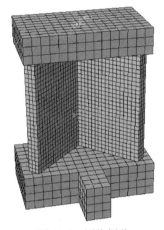

图 11-1　网格划分

11.1.4 网格划分

ABAQUS 中的网格划分技术有三种：结构化网格划分（Structured）、扫掠网格划分（Sweep）和自由网格划分（Free）。本章模型形状简单，利用分割技术分割成一些形状比较规则的图形，所以使用结构化网格划分。划分网格时，较密的网格可以提高计算精度，但增加计算时间，所以基础和加载梁作为辅助部件，网格划分得较稀，而墙肢作为主要分析部件，网格划分得较密。网格划分如图 11-1 所示。

11.2　模型的计算分析

11.2.1　L 形截面剪力墙模型计算

采用上述方式建模，对带斜筋的单排配筋 L 形截面剪力墙 SWLX-1 和普通单排配筋混凝土剪力墙结构 SWL-1 进行不同轴压比、不同加载方向有限元分析，图 11-2 给出了 4 个 L 形截面剪力墙在轴压比为 0.2 的试验值和计算值的骨架曲线比较，图 11-3 给出了 4 个试件在不同轴压比下的"水平荷载 F-水平位移 U"骨架曲线。图 11-4 为不带斜筋的单排配筋混凝土剪力墙结构 SWL-1 在不同轴压比，沿工程轴加载情况下，位移加载到 30mm 时对应的混凝土塑性损伤图和钢筋应力云图。图 11-5 为带斜筋单排配筋混凝土剪力墙 SWLX-1 在不同轴压比，沿工程轴加载情况下，位移加载到 30mm 时对应的混凝土塑性损伤图和钢筋应力云图。图 11-6 为不带斜筋的单排配筋混凝土剪力墙结构 SWL-2 在不同轴压比，沿非工程轴加载情况下，位移加载到 30mm 时对应的混凝土塑性损伤图和钢筋应力云图。图 11-7 为带斜筋单排配筋混凝土剪力墙 SWLX-2 在不同轴压比，沿非工程轴加载情况下，位移加载到 30mm 时对应的混凝土塑性损伤图和钢筋应力云图。

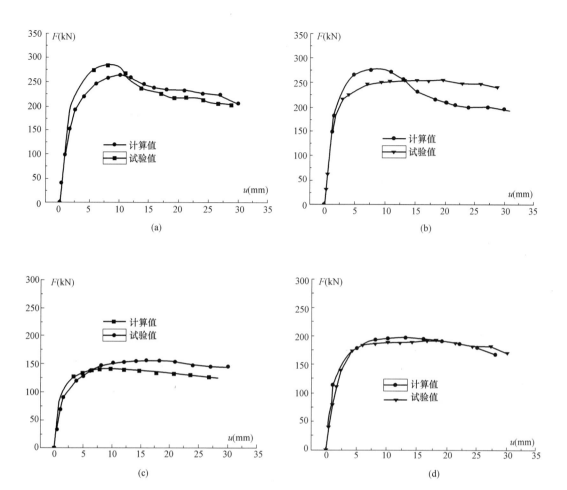

图 11-2 L 形截面骨架曲线比较

（a）SWL-1；（b）SWLX-1；（c）SWL-2；（d）SWLX-2

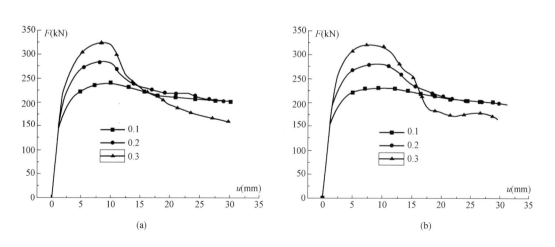

图 11-3 L 形截面剪力墙试件不同轴压比的荷载-位移曲线（一）

（a）SWL-1；（b）SWLX-1

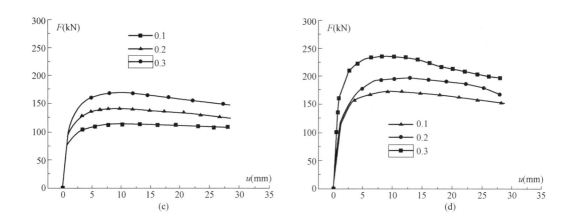

图 11-3　L 形截面剪力墙试件不同轴压比的荷载-位移曲线（二）

（c）SWL-2；（d）SWLX-2

（1）沿工程轴方向加载

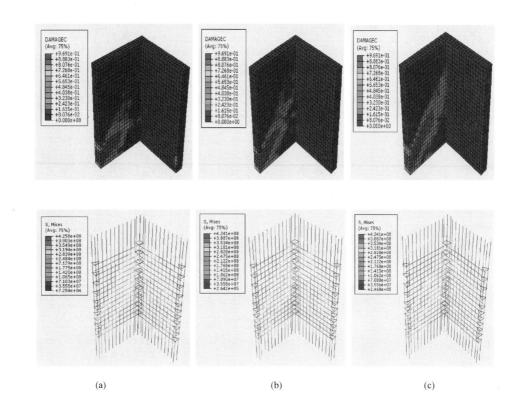

图 11-4　SWL-1 模型混凝土塑性损伤图和钢筋应力云图

（a）轴压比 0.1；（b）轴压比 0.2；（c）轴压比 0.3

（2）沿非工程轴方向加载

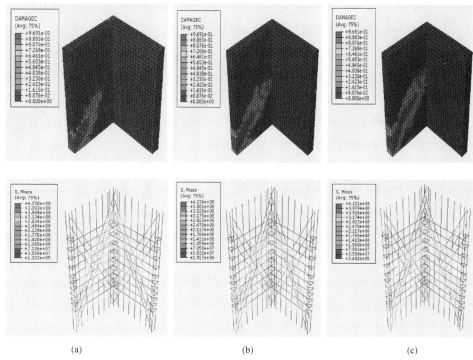

(a) (b) (c)

图 11-5　SWLX-1 模型混凝土塑性损伤图和钢筋应力云图
（a）轴压比 0.1；（b）轴压比 0.2；（c）轴压比 0.3

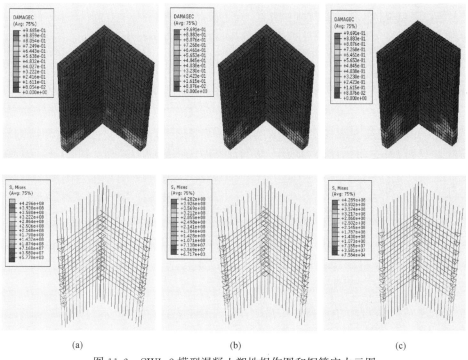

(a) (b) (c)

图 11-6　SWL-2 模型混凝土塑性损伤图和钢筋应力云图
（a）轴压比 0.1；（b）轴压比 0.2；（c）轴压比 0.3

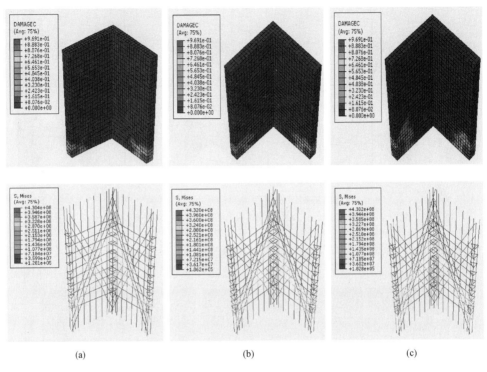

(a) (b) (c)

图 11-7 SWLX-2 模型混凝土塑性损伤图和钢筋应力云图

（a）轴压比 0.1；（b）轴压比 0.2；（c）轴压比 0.3

11.2.2 T 形截面剪力墙模型计算

采用上述方式建模，对带斜筋的单排配筋 T 形截面剪力墙 SWTX-1 和普通单排配筋混凝土剪力墙结构 SWT-1 进行不同轴压比、不同加载方向有限元分析，图 11-8 给出了 4 个 T 形截面剪力墙在轴压比为 0.2 情况下的试验值和计算值的骨架曲线比较；图 11-9 给出了计算所得 4 个试件在不同轴压比下的"水平荷载 F-水平位移 U"骨架曲线。图 11-10 为不带斜筋的单排配筋混凝土剪力墙结构 SWT-1 在不同轴压比，沿腹板方向加载情况下，位移加载到 30mm 时对应的混凝土塑性损伤图和钢筋应力云图。图 11-11 为带斜筋单

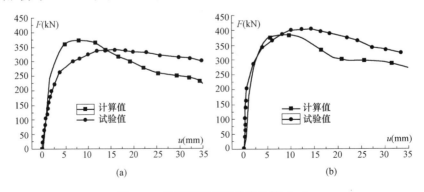

(a) (b)

图 11-8 T 形截面骨架曲线比较（一）

（a）SWT-1；（b）SWTX-1

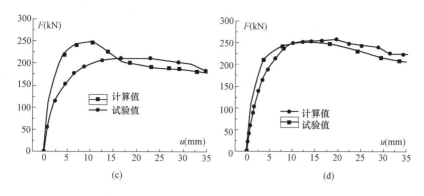

图 11-8　T 形截面骨架曲线比较（二）

（c）SWT-2；（d）SWTX-2

排配筋混凝土剪力墙 SWTX-1 在不同轴压比，沿腹板方向加载情况下，位移加载到 30mm 时对应的混凝土塑性损伤图和钢筋应力云图。图 11-12 为不带斜筋的单排配筋混凝土剪力墙结构 SWT-2 在不同轴压比，沿翼缘方向加载情况下，位移加载到 30mm 时对应的混凝土塑性损伤图和钢筋应力云图。图 11-13 为带斜筋单排配筋混凝土剪力墙 SWTX-2 在不同轴压比，沿翼缘方向加载情况下，位移加载到 30mm 时对应的混凝土塑性损伤图和钢筋应力云图。

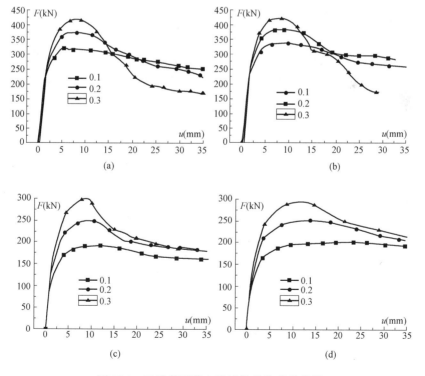

图 11-9　T 形截面剪力墙试件荷载-位移曲线

（a）SWT-1；（b）SWTX-1；（c）SWT-2；（d）SWTX-2

（1）腹板方向加载

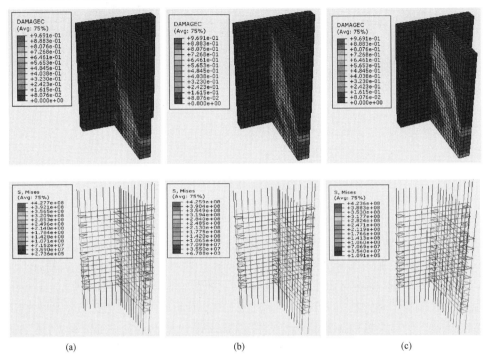

图 11-10　SWT-1 模型混凝土塑性损伤图和钢筋应力云图

（a）轴压比 0.1；（b）轴压比 0.2；（c）轴压比 0.3

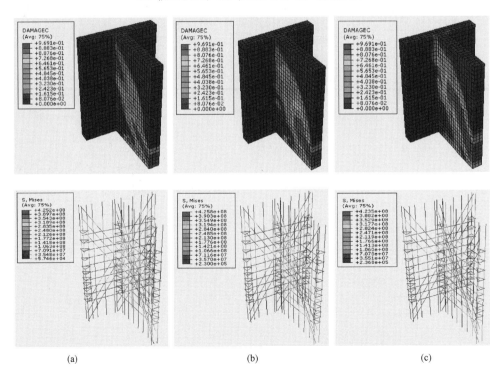

图 11-11　SWTX-1 模型混凝土塑性损伤图和钢筋应力云图

（a）轴压比 0.1；（b）轴压比 0.2；（c）轴压比 0.3

（2）翼缘方向加载

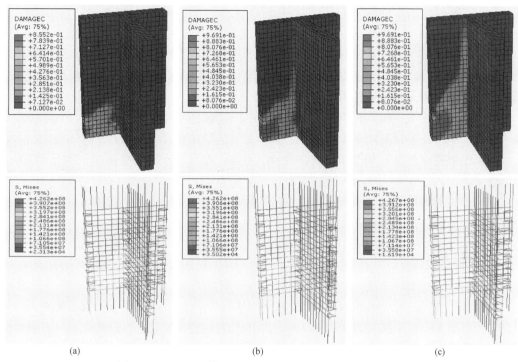

图 11-12　SWT-2 模型混凝土塑性损伤图和钢筋应力云图
（a）轴压比 0.1；（b）轴压比 0.2；（c）轴压比 0.3

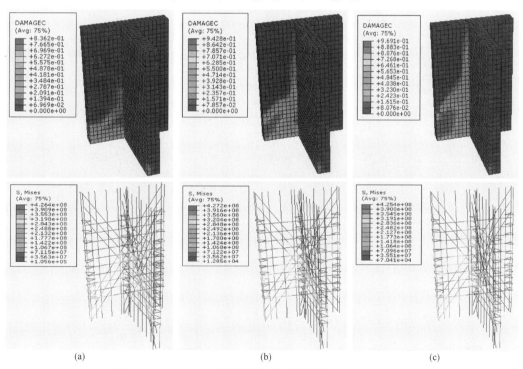

图 11-13　SWTX-2 模型混凝土塑性损伤图和钢筋应力云图
（a）轴压比 0.1；（b）轴压比 0.2；（c）轴压比 0.3

11.2.3 L&T形截面剪力墙数值分析结论

由图 11-1～图 11-13 可见：

（1）由图 11-2 和图 11-8 可知，对 L 形和 T 形截面剪力墙进行轴压比为 0.2 的模拟所得"水平荷载 F-水平位移 U"骨架曲线与试验所得骨架曲线前期加载符合较好，但在后期混凝土达到极限强度后计算承载力下降较快。

（2）由图 11-3 和图 11-9 可知，轴压比越大，承载力越大，但后期承载力下降速度变快；带斜筋单排配筋混凝土剪力墙与普通单排配筋混凝土剪力墙相比，承载力增大。

（3）由混凝土塑性损伤图和钢筋应力云图可知，随着轴压比的增大，单排配筋混凝土剪力墙角部损伤面积增大，混凝土损伤沿斜筋方向发展。

（4）带斜筋的单排配筋混凝土剪力墙与普通单排配筋混凝土剪力墙相比，在相同位移角情况下，混凝土损伤较轻，受力面积扩展较大。

11.3 本章小结

本章采用通用有限元分析软件 ABAQUS 对单排配筋 L 形和 T 形截面混凝土剪力墙进行建模和计算分析，模拟过程中考虑了轴压比的变化对剪力墙受力性能的影响，并将部分模拟的结果和试验结果进行了对比分析，模拟计算的骨架曲线与试验结果符合较好，且破坏发展规律一致。

抗震设计建议

12.1 适用范围

本章在试验研究的基础上，结合北京市建筑设计技术细则，带斜筋双向单排配筋混凝土剪力墙的适用范围见表 12-1。

多层剪力墙结构适用范围 表 12-1

设防烈度	6	7	8	9
建筑层数	≤9	≤8	≤7	≤6
适用高度(m)	≤28	≤24	≤21	≤18

注：1. 房屋高度是指室外地面到主要屋面板板顶的高度（不包括局部突出的屋顶部分）；对带阁楼的坡屋面应算到山尖墙的 1/2 高度处；

    2. 对于局部突出的屋顶部分的面积或带坡顶的阁楼的可使用部分（高度≥1.8m 部分）的面积超过标准层面层 1/2 时，应按一层计算；

    3. 超出表 12-1 适用范围的剪力墙结构应按"高层剪力墙结构"规定执行。

12.2 一般规定

（1）多层住宅可以采用带斜筋单排配筋混凝土剪力墙，墙体厚度宜为 140mm。

（2）带斜筋单排配筋混凝土剪力墙的混凝土强度等级不宜小于 C20，不宜高于 C50。

（3）抗震设计时，带斜筋双向单排配筋混凝土剪力墙的剪力设计值和弯矩设计值可在计算基础上参照国家有关规范确定。

（4）带斜筋单排配筋混凝土剪力墙宜按本章提出的构造要求进行设置。

12.3 构造要求

1. 分布钢筋

一、二级单排配筋混凝土剪力墙的竖向和横向分布钢筋最小配筋率均不应小于 0.20%；三级、四级时不应小于 0.15%；窗间墙的竖向和横向分布钢筋一、二、三级时不应小于 0.20%；四级时不应小于 0.15%；分布钢筋的最大间距不应大于 200mm，最小直径不应小于 6mm。施工时应采取措施保证钢筋位置的正确。

2. 斜向钢筋

（1）斜向钢筋最小直径不应小于 6mm，倾角宜控制在 45°～60°之间，配筋形式宜按 X 形布置。

（2）斜向钢筋与纵向分布钢筋应有适当的配筋比例。

（3）斜向钢筋两端应锚固在暗梁、基础和边缘构造内，斜向钢筋位置宜位于及接近边缘构件。

3. 边缘构件

（1）带斜筋双向单排配筋混凝土剪力墙边缘构件宜采用矩形或三角形暗柱形式。

（2）带斜筋双向单排配筋混凝土剪力墙边缘构件的配筋应满足现行《建筑抗震设计规范》GB 50011（2016 年版）的规定。

4. 钢筋搭接

带斜筋双向单排配筋混凝土剪力墙结构边缘构件的纵向钢筋及墙竖向、水平分布筋的接头均可采用搭接，具体构造应满足图 12-1 要求。

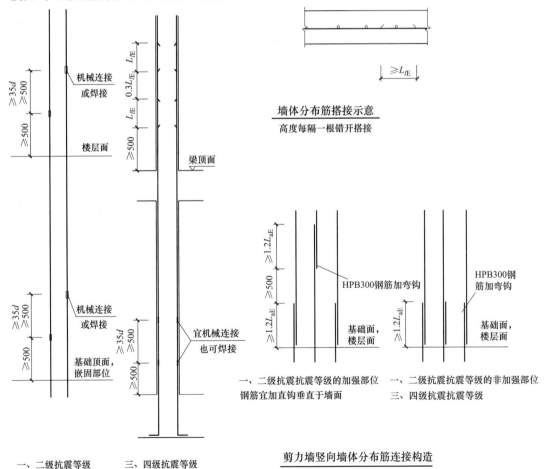

图 12-1　边缘构件的纵向钢筋及墙竖向、水平分布筋的搭接

12.4 本章小结

本章在对带斜筋双向单排配筋混凝土剪力墙的试验研究的基础上，结合北京市建筑设计技术细则、抗震规范和现行《混凝土结构设计规范》GB 50010（2015 年版），提出了带斜筋双向单排配筋混凝土剪力墙的适用范围及构造要求，以供抗震设计参考。

上篇结论与展望

为提高单排配筋混凝土剪力墙的抗剪切滑移能力,改善其抗震性能,可在单排配筋基础上设置斜筋。本书在5个剪跨比为1.0的矩形截面剪力墙和13个剪跨比为1.5的Z形、T形、L形截面剪力墙的低周反复荷载试验基础上,对不同配筋形式剪力墙的承载力、刚度、延性、滞回特性、耗能能力和破坏特征进行比较分析,得到如下主要结论:

(1) 对于低配筋量的单排配筋混凝土低矮剪力墙,在低周水平反复荷载作用下,其破坏特征以延性较好的弯曲破坏为主,抗震性能较好。

(2) 在配筋量保持不变条件下,在单排配筋混凝土低矮剪力墙中设置斜筋,可有效限制其基底剪切滑移和墙体斜裂缝开展,明显提高其抗震耗能能力;低轴压比情况效果相对较佳。

(3) 对于单排配筋混凝土低矮剪力墙,提高其混凝土强度等级,降低轴压比,可提高其初始刚度和抗震耗能能力。

(4) 在相同混凝土强度等级下,在单排配筋混凝土Z形截面中高剪力墙中设置斜筋,可明显提高其承载力和耗能能力,并且腹板方向的延性提高明显,但翼缘方向的延性提高不明显。

(5) 配筋量相同情况下,带交叉钢筋单排配筋剪力墙承载力较高、刚度退化较慢、延性较好、滞回曲线较饱满、抗震耗能能力较强;交叉钢筋的存在,有效防止了剪力墙底部剪切滑移。

(6) 水平力作用方向对异形截面单排配筋剪力墙抗震性能影响明显,对T形截面剪力墙,沿腹板方向加载,耗能能力明显强于沿翼缘方向加载;对L形截面剪力墙,沿工程轴方向加载,耗能能力明显强于沿与工程轴成45°加载。

(7) 带斜筋单排配筋混凝土剪力墙配筋简单,易于施工,抗震性能良好,能满足混凝土多层住宅结构设计要求,可应用于实际工程。

本书虽对不同剪跨比、不同截面形式、不同混凝土强度等级、不同加载方向的带斜筋单排配筋混凝土剪力墙抗震性能进行了试验研究与理论分析,取得了一定的成果,但仍需在以下方面开展深入研究:

(1) 对斜筋的合理倾斜角度、合理配置量进行试验研究与理论分析。

(2) 对设洞口的带斜筋单排配筋混凝土剪力墙进行抗震性能试验研究与分析,并给出设计建议。

(3) 开展带斜筋单排配筋混凝土剪力墙结构的模拟地震振动台试验研究,评价其抗震能力。

(4) 编制相关技术规程,促进其推广应用。

参 考 文 献

[1] 沈国平，王莉. 上海城市建设与地面沉降关系初探 [J]. 城市规划汇刊，2003，06：91-94＋96.

[2] 达良俊，王雪莹，汪军英. "省地宜居型"住宅——城市人居环境建设的优选模式 [J]. 城市问题，2006，02：7-30.

[3] 刘红萍. 城市住宅扩张中存在的问题 [J]. 城市问题，2003（5）：40-43.

[4] 刘东卫，曹秀芹. 日本住宅区的生态环境与住宅设计 [J]. 中国环保产业，2001（3）：43-44.

[5] 柯焕章. 低密度住宅与北京城市空间布局发展 [J]. 建设科技，2004（2）：30-32.

[6] 祝英杰，刘之洋. 高层混凝土小型空心砌块结构抗震体系的研究及应用 [J]. 工业建筑，2001，31（5）：51-53.

[7] 王元清，石永久. 多层轻型房屋钢结构的设计与应用研究 [J]. 建筑结构，1999，（6）：1-34.

[8] 范忠武，杨国柱. 异型柱框架轻型节能建筑 [J]. 新型建筑材料，1994，（1）：16-19.

[9] 吕西林，孟良. 一种新型抗震耗能剪力墙结构——结构的抗震性能研究 [J]. 世界地震工程，1995（2）：22-26.

[10] Aiqun Li, Dajun Ding, Zhengliang Cao. Experimental study on coupled double shear-wall models with friction control devices on shaking table [J]. Journal of Structural Engineering，1999，10：199-202.

[11] 叶列平，曾勇. 双功能带缝剪力墙的弹塑性地震动力反应分析 [J]. 工程力学. 2002，19（3）：74-78.

[12] Wanlin Cao，Suduo Xue，Jianwei Zhang. Seismic performance of RC shear wall with concealed bracing [J]. Advances in Structural Engineering，2003，6（1）：1-13.

[13] 曹万林，张建伟，陶军平，等. 内藏桁架的混凝土组合低剪力墙试验研究 [J]. 东南大学学报，2007，37（2）：195-200.

[14] 曹万林，王敏，王绍合，等. 矩形钢管混凝土边框组合剪力墙及筒体结构抗震研究 [J]. 工程力学，2008，25（S1）：58-70.

[15] GB 50010—2010 混凝土结构设计规范 [S]. 北京：中国建筑工业出版社，2010.

[16] GB 50011—2010 建筑抗震设计规范 [S]. 北京：中国建筑工业出版社，2010.

[17] JGJ 3—2010 高层建筑混凝土结构技术规程 [S]. 北京：中国建筑工业出版社，2011.

[18] 王墨耕，王汉东. 多层及高层建筑配筋混凝土空心砌块砌体结构设计手册 [M]. 安徽：安徽科学技术出版社，1997.

[19] 沈仰同，杨学祯，张冰如. 制作多孔黏土空心砖的初步经验 [J]. 建筑材料业，1964，11：30-31.

[20] 张永洲，曲牧，宫照坤，等. 火山渣钢筋砼——SK1 型多孔黏土砖组合墙抗震性能的试验研究 [J]. 工程抗震，1995，04：14-19.

[21] 姚启均. 提高多孔黏土砖强度的方法 [J]. 建材工业信息，1997，02：9.

[22] 施楚贤，周海兵. 配筋砌体剪力墙的抗震性能 [J]. 建筑结构学报，1997，18（06）：32-40.

[23] Ding Dajun, Lv Xizhao, Zhang Juan. Experimental research On strength of brick columns reinforced with new type of transverse reinforcement [J]. University of New BrunSWNWick. Proceedings of the 4th Canadian Masonry Symposium. Frederiction：University of New BrunSWNWick，1986：1093-1100.

[24] 全成华，唐岱新. 高强砌块配筋砌体剪力墙抗剪性能试验研究 [J]. 建筑结构学报，2002，02：79-82＋86.

[25] 张英. 集中配筋砌体在抗震设防区多层砌体房屋设计中的应用 [J]. 洛阳工学院学报，1999，04：

73-75.

[26] 孙伟民，胡晓明，郭樟根，等．预应力砌体抗震性能的试验研究 [J]．建筑结构学报，2003，06：25-31.

[27] Lan, Guilu. The seismic resistance of masonry buildings [J]. Chinese Science Abstracts Series B. 1995，14 (5)：57-63.

[28] Deyuan, Zhou. Study on aseismic behavior of masonry structure under three directional earthquake excitation [J]. International Journal of Rock Mechanics and Mining Sciences & Geomechanics Abstracts. 1996，33 (7)：78-84.

[29] 李新平，唐建国．配筋砌体结构抗震能力的试验研究 [J]．世界地震工程，1997，02：67-71.

[30] 周炳章．砌体结构抗震的出路在于发展配筋砌体 [J]．建筑结构，2009，12：159-162.

[31] 刘西光，王庆霖．多层砌体结构墙体的抗震剪切强度研究 [J]．建筑结构，2012，12：112-116.

[32] 苏启旺，赵世春，叶列平．砌体结构抗震评估研究 [J]．建筑结构学报，2014，01：111-116.

[33] 李英民，韩军，田启祥，等．填充墙对框架结构抗震性能的影响 [J]．地震工程与工程振动，2009，03：51-58.

[34] 叶列平，陆新征，赵世春，等．框架结构抗地震倒塌能力的研究——汶川地震极震区几个框架结构震害案例分析 [J]．建筑结构学报，2009，06：67-76.

[35] 申跃奎，张涛，王威．框架结构楼梯的震害分析与设计对策 [J]．建筑结构，2009，11：72-74+100.

[36] 韦锋，傅剑平，白绍良．我国混凝土框架结构强柱弱梁措施的实际控制效果 [J]．建筑结构，2007，08：5-9.

[37] 叶列平，陆新征，李易，等．混凝土框架结构的抗连续性倒塌设计方法 [J]．建筑结构，2010，02：1-7.

[38] 梁书亭，丁大钧，陆勤．钢筋砼框架结构抗震控制研究 [J]．建筑结构学报，1994，05：43-49+37.

[39] 王玉杰．平立面不规则框架结构抗震问题探讨 [J]．辽宁工程技术大学学报，2003，06：791-793.

[40] 韩军，潘毅，杨伯韬，等．多层不均匀偏心框架结构扭转地震反应规律 [J]．土木工程学报，2013，S1：69-74.

[41] 张运田，郁银泉．钢结构住宅建筑体系研究进展 [J]．钢结构，2002，06：22-23+28.

[42] 徐伟良，王永跃．钢结构住宅建筑的开发与应用 [J]．建筑技术开发，2002，05：75-77.

[43] 章宏东，方鸿强，王珏．高层钢结构住宅建筑中防屈曲耗能支撑技术的研究与应用 [J]．建筑结构，2011，S1：142-146.

[44] Graham Couchman, John Prewer. Light steel framed modular construction for housing [J]. The Structural engineer，2002，80 (5)：25-32.

[45] JeromeF Hajjar. Composite steel and concrete structural systems for seismic engineering [J]. Constructional steel research. 2002 (58)：42-48.

[46] 雷宏刚，吴海英．多层轻钢结构住宅存在问题浅析 [J]．科学之友（学术版），2006，03：81-82.

[47] 彭靖云，史三元．多层轻钢结构住宅体系设计 [J]．河北建筑科技学院学报，2003，01：49-52.

[48] 李飒，陈水福．门式刚架轻钢结构抗风安全性分析 [J]．浙江大学学报（工学版），2013，12：2141-2145+2159.

[49] 范秋转．小断面异形柱暗框结构住宅设计 [J]．陕西建筑，2001，04：9-10.

[50] 林宗凡．异形柱框架结构的主要技术问题 [J]．住宅科技，1996，09：23-25.

[51] 黄雅捷，梁兴文，吴敏哲，等．钢筋混凝土异形柱框架结构抗震试验与分析 [J]．建筑结构，2002，01：49-52.

[52] 曹万林，徐金荣，宋文勇，等．钢筋混凝土异形柱框架结构抗震设计的若干措施 [J]．世界地震

工程，2002，01：62-65.

[53] 张. "矩形柱与异形柱联合应用框架结构抗震研究及应用"通过鉴定 [J]. 河北工业大学学报，2003，01：47.

[54] 臧人卓. 新型复合墙板受力性能试验研究 (D). 清华大学. 2004.

[55] Benjamin，J. R，Williams，H. A. The Behavior of One-Storey Reinforced Concrete ShearWalls [J]. Journal of the Structural Division. ASCE，May，1957，Paper1254，9-49.

[56] 曹万林，吴定燕，杨兴民，等. 双向单排配筋混凝土低矮剪力墙抗震性能试验研究 [J]. 世界地震工程，2008，04：19-24.

[57] 曹万林，孙超，杨兴民，等. 双向单排配筋剪力墙节点抗震性能试验研究 [J]. 地震工程与工程振动，2008，03：104-109.

[58] 曹万林，孙天兵，杨兴民，等. 双向单排配筋混凝土高剪力墙抗震性能试验研究 [J]. 世界地震工程，2008，03：14-19.

[59] 孙超，曹万林，杨兴民，等. 双向单排配筋剪力墙与连梁节点的抗震性能试验研究 [J]. 世界地震工程，2008，03：84-88.

[60] 曹万林，殷伟帅，杨兴民，等. 双向单排配筋中高剪力墙抗震性能试验研究 [J]. 地震工程与工程振动，2009，01：103-108.

[61] 张建伟，杨兴民，曹万林，等. 单排配筋剪力墙结构抗震性能及设计研究 [J]. 世界地震工程，2009，01：77-81.

[62] 杨兴民，曹万林，张建伟，等. 三层单排配筋剪力墙结构抗震性能试验研究 [J]. 地震工程与工程振动，2009，02：92-97.

[63] 张建伟，曹万林，殷伟帅. 简化边缘构造的单排配筋中高剪力墙抗震性能试验研究 [J]. 土木工程学报，2009，12：99-104.

[64] 曹万林，张建伟，孙天兵，等. 双向单排配筋高剪力墙抗震试验及计算分析 [J]. 建筑结构学报，2010，01：16-22.

[65] 张建伟，曹万林，吴定燕，等. 单排配筋低矮剪力墙抗震试验及承载力模型 [J]. 北京工业大学学报，2010，02：179-186.

[66] 曹万林，张建伟，杨亚彬，等. 单排配筋带洞口剪力墙抗震试验及承载力计算 [J]. 北京工业大学学报，2010，09：1186-1192.

[67] 曹万林，杨兴民，张建伟，等. 多层单排配筋剪力墙结构模拟地震振动台试验研究 [J]. 北京工业大学学报，2010，11：1516-1523.

[68] 曹万林，张建伟，孙超，等. 单排配筋剪力墙节点抗震试验及承载力分析 [J]. 北京工业大学学报，2010，10：1344-1349.

[69] 孙超. 双向单排配筋带洞口混凝土剪力墙抗震性能试验与分析 [D]. 北京工业大学，2008.

[70] 杨兴民，曹万林，张建伟，等. 单排配筋剪力墙结构单元工作性能试验研究 [J]. 北京工业大学学报，2011，01：72-79.

[71] 张彬彬，曹万林，张建伟，等. 双向单排配筋 L 形剪力墙抗震性能试验研究 [J]. 工程抗震与加固改造，2011，05：37-44＋57.

[72] 张彬彬，曹万林，张建伟，等. 双向单排配筋 Z 形剪力墙抗震性能试验研究 [J]. 工程抗震与加固改造，2011，05：45-52.

[73] 张彬彬，曹万林，潘毅，等. 双向单排配筋 T 形剪力墙抗震性能试验研究 [J]. 土木建筑与环境工程，2011，S1：203-208.

下　篇

钢筋墩头螺帽锁锚灌浆套筒
连接的预制混凝土高层
剪力墙结构体系研究

13

概　　述

13.1　研究背景（国内外现状）

　　近几年来，我国的建筑业在国民经济中发挥着越来越重要的作用，已成为国民经济支柱产业之一。据有关资料介绍，我国每年竣工的城乡总建筑面积约为 20 亿 m^2，其中城镇住宅总建筑面积约为 6 亿 m^2，是当今世界最大的建筑市场。为确保各类建筑最终产品，特别是住宅建筑的质量和功能，优化产业结构，加快建设速度，改善劳动条件，大幅度提高劳动生产率，使建筑业尽快走上技术效益型道路，成为国民经济的支柱产业，建筑工业化成为我国建筑业发展的必然方向。建筑工业化，首先应从设计开始、从结构入手，建立新型结构体系，使建筑构件，包括成品、半成品实现工厂化作业。在此基础上，全国一些省市开始了住宅产业化的试点和推广工作，一批地方标准和激励政策纷纷出台，许多房地产开发企业、科研机构、设计单位和施工企业也加入到了此项工作中，全国各地相继建成了一批试点工程。如南通建筑工程总承包有限公司引进澳大利亚 Conrock 公司的全预制钢筋混凝土装配整体式结构（NPC）技术体系，在试点工程南通市海门中南世纪城 33 号楼实施。

　　预制装配式建筑，可以有效地节约资源和能源，提高材料在实现建筑节能和结构性能方面的效率，减少现场施工对场地和环境条件的需求，减少建筑垃圾和施工对环境的不良影响，提高建筑功能和结构性能，有效实现"四节一环保"的绿色发展要求，实现低能耗、低排放的建造过程，促进我国建筑业的整体发展，实现预定的节能减排目标。

　　新型预制装配式建筑生产方式是我国建筑业今后的发展方向，符合《国家中长期科学和技术发展规划纲要》（2006—2020）中重点领域"城镇化与城市发展"中"建筑节能与绿色建筑"以及"建筑施工与工程装备"优先主题任务。

　　（1）国内现状

　　我国建筑混凝土预制构件行业已有近 50 年的历史，也曾有过辉煌，为中国的建筑事业做出过不可磨灭的贡献。但从 20 世纪 90 年代之后，我国预制构件行业面临很大的困难：市场疲软、产品滞销、竞争加剧、很多构件厂倒闭。

　　我国在 1999 年由国务院办公厅转发的建设部（现住房和城乡建设部）等八部委共同

起草的《关于推进住宅产业现代化，提高住宅质量的若干意见》中，明确了我国推进住宅产业现代化的指导思想、主要目标、工作重点和实施要求，这成为推进我国住宅工厂化工作的纲领。

目前我国发展工业化住宅的动向可概括为以下方面：

1）PC（precast concrete）技术——该技术主要用于全预制混凝土构件，如阳台、楼梯、空调板、部分内隔墙板等。万科集团的 PC 主要解决了全预制构件制作及安装技术，并将装饰、保温及窗框与墙板整体预制，不仅解决了窗框渗水问题，而且减少了现场湿作业量及免去后期施工工序。

2）PCF（precast concrete form）技术——即预制混凝土模板技术，该技术主要用于预制混凝土剪力墙外墙模以及叠合楼板的预制板等，结构其他部分，如内部剪力墙、部分内隔墙、电梯井等仍然采用支模现浇。

PCF 技术则解决了外墙模板问题，避免了外围脚手架及模板的支设，节约模板并提高了施工安全性。但是，PCF 技术中所采用的外墙混凝土模板在设计中并未考虑其对墙体承载力及刚度的贡献，一方面造成了材料浪费，另一方面使计算假定可能与实际结构相差较大，这对于抗震设计是比较危险的，甚至使计算结果得出错误的结论。另外，可以发现其主体结构即剪力墙几乎为全现浇、楼板为叠合楼板，因此，现浇量仍然较大（图 13-1）。

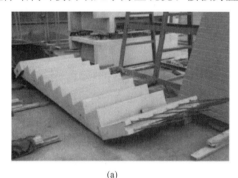

(a)   (b)

图 13-1　万科集团 PC、PCF 技术
(a) PC 楼梯；(b) PCF 外墙板

3）中南集团 NPC 技术——中南集团引自国外预制混凝土技术，结合我国设计要求，形成了具有自身特色的 NPC（new precast concrete）技术体系，竖向构件剪力墙、填充墙等采用全预制，水平构件梁、板采用叠合形式。相邻构件的连接：竖向通过下部构件预留插筋（连接钢筋）、上部构件预留金属波纹浆锚管实现钢筋浆锚连接，水平向通过适当部位设置现浇连接带、现浇混凝土连接；水平构件与竖向构件通过竖向构件预留插筋伸入梁、板叠合层及叠合层现浇混凝土实现连接；通过钢筋浆锚接头、现浇连接带、叠合现浇等形式将竖向构件和水平构件连接形成整体结构。

中南集团 NPC 技术体系较为系统和完善，结构竖向构件基本采用全预制、水平构件采用叠合形式，大大降低了现浇量，装配率达 90% 以上。但同时发现，其剪力墙构件完全通过竖向浆锚钢筋连接，现场存在大量的灌浆孔，要保证各个孔的灌浆质量是不容易的，并且现场抽检也非常困难，因此，需对 NPC 技术体系中的剪力墙竖向连接做进一步改进，从而减少现场工作量，同时更可靠地保证结构安全（图 13-2）。

(a)   (b)

(c)   (d)

图 13-2   NPC 技术体系

（a）剪力墙竖向连接；（b）剪力墙水平连接 1；（c）剪力墙水平连接 2；（d）拼装电梯井

4）宇辉集团装配整体式预制混凝土剪力墙技术——宇辉集团基于剪力墙竖向连接专利技术"插入式预留孔灌浆钢筋搭接连接"，形成了装配整体式预制混凝土剪力墙结构技术。其预制构件主要包括竖向剪力墙板、水平叠合楼板、楼梯板及阳台等。

装配整体式预制混凝土剪力墙结构构件形式简单、制作方便，但同时存在构件较大且重，需配置较高要求的吊装设备以及构件形式单一等问题（图 13-3）。

(a)   (b)

图 13-3   装配整体式预制混凝土剪力墙结构技术

（a）剪力墙竖向连接；（b）剪力墙水平连接

5）合肥西伟德叠合板式混凝土剪力墙技术——西伟德混凝土预制（合肥）有限公司引进德国"double-wall precast concrete building system"技术，形成了叠合板式混凝土剪力墙结构，结构构件分为叠合式楼板、叠合式墙板以及预制楼梯等。叠合式楼板由底层预制板和格构钢筋组成，可作为后浇混凝土的模板；叠合式墙板由2层预制板与格构钢筋制作而成，现场安装就位后可在2层预制板中间浇注混凝土，格构钢筋可作为预制板的受力钢筋以及吊点。

合肥西伟德引进了德国的全套生产线，其构件预制设备先进、制作精良，但由于其引进时间较晚、预制构件形式简单，目前仅应用于地下车库结构中。同时，叠合式墙板两侧预制板在设计中未考虑，因而，存在与PCF技术相同的问题（图13-4）。

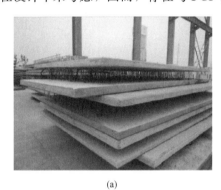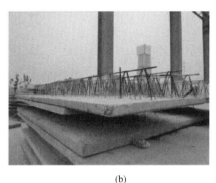

(a)　　　　　　　　　　　　　　(b)

图13-4　叠合板式混凝土剪力墙技术

(a) 叠合式墙板；(b) 叠合式楼板

（2）国外现状

北美国家，如美国、加拿大等，从20世纪20年代开始探索预制混凝土的开发和应用，到20世纪六七十年代PC技术得到大面积普遍应用。目前，PC技术在居住建筑，学校、医院、办公等公共建筑，停车库，单层工业厂房等建筑中都得到官方的应用。在工程实践中，由于大量应用大型预应力预制混凝土构件技术，使PC技术更充分地发挥了其优越性，体现了施工速度快、工程质量好、工作效率高、经济耐久等优势。美国和加拿大PCI组织都完成了PC技术的规范和标准的制定工作，都拥有完备的使用手册。这些手册不断地、适时地更新，以适应技术的发展。

日本的装配式混凝土建筑从第二次世界大战以后至1990年持续发展，并在地震区的高层和超高层建筑中得到十分广泛的应用。目前，这些建筑的预制技术达到世界领先水平，质量标准很高，并经历了多次地震的考验。日本有关装配式混凝土建筑的标准规范体系完备，工艺技术先进，构造设计合理，部品的集成化程度很高，施工管理严格，体现了很高的综合技术水平。

欧洲特别是北欧国家，装配式混凝土建筑具有较长的历史，在技术上积累了大量的经验。他们强调设计、材料、工艺和施工的完美结合。由于其长期可持续的研究和发展，他们的预制技术已形成系统的基础理论，并符合节能环保与循环经济要求。

全预制装配技术作为一项成熟的混凝土结构预制装配技术，在日本、美国、英国等已经推广应用了近20年时间。该技术体系在澳大利亚已成功应用于多个实际工程，经相关专家考察，认为该体系在主要技术方面基本可行，所以，在中国建设工程中也必将有很好的推广应用前景。

最近几年，万科等大型房地产商在"像造汽车一样造房子"的理念指导下，率先开展了住宅产业化的试验性建设。引进了日本、新加坡等地的预制装配式混凝土结构技术。在深圳、上海、江苏等地的住宅开发项目中，应用该技术建造了一批高层、小高层住宅。尽管我国的住宅产业化在现阶段取得了一定的发展，但其仍然处于粗放型发展阶段，建筑工业化程度低，住宅建设劳动生产率不高，技术含量低下，能源和原材料消耗较大依然是主要问题。已经建成的装配式住宅由于装配式结构体系的整体抗震能力差，一般都在45m以下。因此发展轻质高强、抗震性能好、节能保温效果佳、施工简便、经济实用、绿色环保且适宜于产业化发展的新型住宅结构体系已成为住宅建筑业的发展方向，是推进住宅产业化的一种有效合理的途径。

13.2 本书研究内容

基于国内外已有的钢筋连接技术及装配剪力墙的连接技术，研发直径较大的钢筋墩头，研发与钢筋配套的螺帽，研发钢筋墩头螺帽锁锚灌浆套筒和新型装配剪力墙节点连接方式。钢筋采取墩头或者安装螺帽的措施，使之与灌浆套筒相互钢筋墩头螺帽锁锚，对这种新型钢筋连接接头进行型式检验，解决装配式工业化建筑应用的主要技术难题，建立、健全相应的标准规范体系，大力推广装配式工业化建筑的发展和应用。高层装配式剪力墙结构采用预制钢筋混凝土板作为墙体，通过钢筋墩头螺帽锁锚灌浆套筒连接，将钢筋混凝土板连接成整体，成为承重和抗侧力结构。

13.3 本书研究目标与技术路线

13.3.1 研究目标

根据国家大力提倡的建筑工业化及住宅产业化的要求和装配式建筑应该具备更高的抗震性能的需要，通过本书的研究，解决已有装配式建筑整体抗震能力较弱的问题，形成抗震性能良好的装配式高层建筑结构建造新技术，实现绿色、低碳要求，促进我国建筑行业的结构调整和可持续发展，使中国建筑股份有限公司在装配式建筑设计施工等领域保持领先地位。

基于现有研究的基础并结合我国的设计要求，研究抗震性能良好的"钢筋墩头螺帽锁锚灌浆套筒连接的预制混凝土高层剪力墙结构体系"，本书研发的钢筋墩头螺帽锁锚灌浆套筒连接装配剪力墙，不仅能够采用研发的新型钢筋墩头螺帽锁锚灌浆套筒连接预制混凝土剪力墙的竖向钢筋，使钢筋连接的安全性、可靠性和耐久性大大提高，而且可以在预制剪力墙水平缝之间采取剪力墙抗滑移措施，解决原有装配剪力墙坐浆质量不好控制、灌浆料不能充满空隙导致抗剪性能不好，地震时会发生剪切破坏的问题，同时提高装配剪力墙结构的整体性和抗剪、抗震性能。

本书的研究要达到国内先进水平，使高层预制整体式剪力墙住宅更快地在全国得到推广和应用，加快住宅产业的工业化步伐。

房屋建筑是中国建筑股份有限公司的主营业务，本书的研究内容，属于公司的高端技术储备，对公司主营业务的发展具有重大的意义。中国建筑股份有限公司已经成为中国最大的建筑企业集团和最大的国际承包商，因此抢先开展这方面的研究，对于中国建筑股份有限公司实现"差异化"产品竞争优势是十分必要的。

13.3.2 技术路线

虽然预制装配式剪力墙结构在国外已有比较成熟的发展，但在我国国内，这种发展则是相对缓慢的，所以本书将针对中国的国情，解决目前预制装配式在我国发展的瓶颈问题，研发出力学性能和抗震性能都比较良好的节点连接。采取多种研究手段，集中优势力量攻关，理论分析与试验研究密切结合，解决实际工程问题，是本书研究方法的特色。本书研究主要依据如下技术路线进行：

文献法、调查法、试验及理论分析法。

（1）文献法

通过查阅关于现有的装配式剪力墙相关的论著和论文，了解国内外装配剪力墙的发展状况和主要的技术条件，总结现有装配技术方法的优点和不足，为将来进行"钢筋墩头螺帽锁锚灌浆套筒连接的预制混凝土高层剪力墙结构体系"的开发提供理论基础。

（2）调查法

通过对国内现有的预制构件搭建的结构形式的调研和归纳总结，找出高层预制装配式结构在中国发展的瓶颈，从而有针对性地对其进行改善。计划进行考察的内容包括：哈尔滨宇辉集团的装配整体式剪力墙结构、中南建设集团的 NPC 装配整体式剪力墙结构、亚泰集团的装配整体式剪力墙结构、北京万科企业集团的装配整体式剪力墙结构、深圳万科企业集团的装配整体式框架结构、内浇外挂结构、西伟德宝业混凝土预制件（合肥）有限公司的叠合板结构、远大可建的工厂化可持续钢结构建筑、远大住工的叠合楼盖现浇剪力墙结构体系、深圳海龙的混凝土预制构件生产加工，以及日本的预制装配式结构。

（3）试验及理论分析法

通过模型试验及理论分析来分析该钢筋墩头螺帽锁锚灌浆套筒钢筋连接的可靠性，为将来进行这种装配式高层剪力墙结构的规范规程的制定提供试验支持。

13.4 本书研究的意义

一方面，在未来，人力将成为一种昂贵的资源，对建筑业来说，要降低建筑工程的成本，工期和人力资源将是决定因素。而预制装配式剪力墙结构作为部分建筑形式，一旦开始全面应用，则会大大缩减施工时间，节约人力资本，给工程造价一个最大化的节省。另外一方面，随着人们生活水平的提高，对建筑舒适度和抗震性能的要求也越来越高，这就要求我们不仅要提高房屋的建造速度，而且要保证房屋的建造质量和性能，这些都需要我们设计研究出更好抗震性能的节点连接构造以提高房屋整体的耗能能力，为人们在地震等危险情况出现时提供紧急而宝贵的逃避时间。所以说，针对我国是一个多地震国家的国情，我们有必要加快和加深对高层预制装配式剪力墙结构的研究和应用，对高层装配式建筑在我国快速发展作出应有的贡献。

对预制装配式剪力墙结构进行更深入地研究，构件连接的节点则是重中之重，所以本书将针对该重点进行更深入地试验研究和理论分析，为实际工程的应用做好理论基础和实际典范。

目前，预制装配式剪力墙的连接主要采用套筒、波纹管和预留孔洞灌浆。这些连接方式都是将要连接的钢筋拉开一段距离或者搭接，然后在孔洞内灌入高强灌浆料；硬化后，钢筋和套筒、波纹管或者孔洞外侧的混凝土牢固结合在一起形成统一整体。连接钢筋的拉力通过剪力传递给灌浆料，再通过剪力传递到灌浆料和周围套筒、波纹管或者混凝土的界面上去，主要依靠粘结传力，可靠性不高；由于钢筋的拉力主要依靠粘结传力，套筒、波纹管或者孔洞的长度和直径都会比较大，导致用钢量很大，成本高；由于套筒、波纹管或者孔洞的容积比较大，因此采用的特殊灌浆料用量也较大，且其耐久性并没有得到充分验证；竖向连接的预制构件之间通常预留的空隙较小，存在坐浆质量好坏人工因素很严重、灌浆料不能充满空隙的问题，导致结合面在水平荷载作用下容易开裂破坏，建筑物会发生连续倒塌，导致严重的生命财产损失。

墩头螺帽锁锚灌浆套筒连接钢筋接头型式检验及理论分析

14.1 墩头螺帽锁锚灌浆套筒连接钢筋接头的研究目标

根据国家大力提倡的建筑工业化及住宅产业化的要求和装配式建筑更高的抗震性能的需要，结合建筑工业化的特点和装配施工的工艺要求，发明了一种新型的预制构件之间竖向连接用的钢筋套筒，这种新型套筒的安全性和经济性比现有的连接技术有所提高。

14.2 墩头螺帽锁锚灌浆套筒连接钢筋接头的研究内容

首先对钢筋套筒的连接方案技术参数进行了优化，使套筒的力学性能和造价都达到较优。然后制造套筒并对套筒进行力学性能试验及理论分析。

（1）灌浆套筒的连接方案

钢筋两端加工成螺纹，套上螺帽，套筒一端采用比相应端的螺帽外径小的套筒内径，将此螺帽锁住，套筒另一端采用内径比相应端的螺帽外径小的堵环，将此螺帽锁住，通过套筒灌浆，使钢筋利用螺帽、堵环、灌浆料及套筒之间的锁锚挤压和粘结传力，改变了以前灌浆连接预制构件的钢筋拉力主要通过粘结来传力的方式。

（2）套筒的示意图

图 14-1 中的套筒采用球帽铸铁制造，图 14-2 中的套筒采用合金高强度结构钢制造，图中的螺帽要采用圆形。

（3）具体研究内容

1）研究各型号的套筒尺寸参数表，连接的钢筋直径从 10～32mm。

2）对套筒进行受力分析及优化材料。

3）制造了图 14-1 和图 14-2 中的套筒，连接的钢筋直径分别是 14mm、20mm，每种套筒制造 14 个，共 56 个。

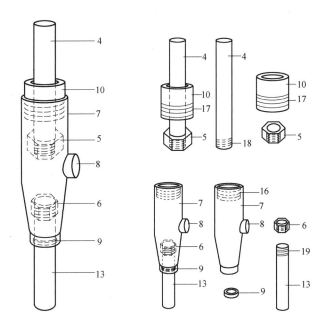

图 14-1 螺帽锁锚灌浆变径套筒

4—上层墙体竖向钢筋；5—竖向钢筋下端螺帽；6—竖向钢筋上端螺帽；

7—套筒；8—注浆孔；9—封堵垫；10—堵环；13—下层墙体竖向钢筋；

16—内螺纹；17—外螺纹；18—钢筋下端螺纹；19—钢筋上端螺纹

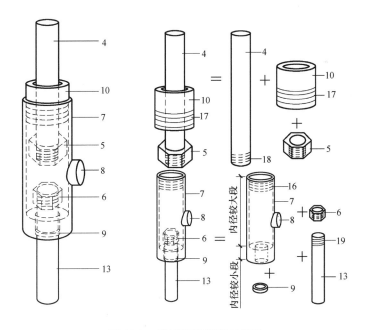

图 14-2 螺帽锁锚灌浆直套筒

4—上层墙体竖向钢筋；5—竖向钢筋下端螺帽；6—竖向钢筋上端螺帽；

7—套筒；8—注浆孔；9—封堵垫；10—堵环；13—下层墙体竖向钢筋；

16—内螺纹；17—外螺纹；18—钢筋下端螺纹；19—钢筋上端螺纹

4）按照现有相关规程要求进行灌浆套筒的力学性能试验，对于每种套筒，不灌浆进行拉伸的试验为 2 个；灌浆套筒为 12 个，其中 3 个用于偏置单向拉伸，3 个用于高应力反复拉压，3 个用于大变形反复拉压。

5）提供了测试的各项数据及试验照片。

6）出具套筒及灌浆套筒的力学性能测试报告。

7）3 个灌浆料拌合物的力学性能试验。

ϕ14mm与ϕ20mm 钢筋套筒的结构设计

根据套筒的技术指标要求，设计了连接钢筋分别为ϕ14mm与ϕ20mm的套筒。每种钢筋型号分别有球铁600铸造和45钢机加工两种形式。所设计的结构形式如下。

15.1 QT600铸造的结构设计

根据钢筋连接要求和预期达到的技术指标要求设计了ϕ14mm与ϕ20mm钢筋的球墨铸铁QT600套筒，其结构图如图15-1所示。

由于QT600套筒需要铸造加工，根据设计图纸设计加工了套筒模具，通过浇铸的方

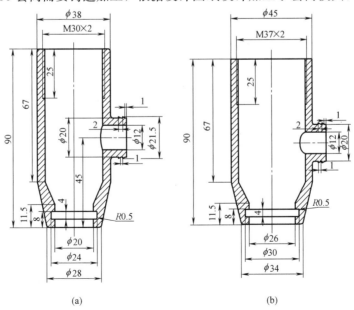

(a)   (b)

图15-1 QT600铸造套筒结构图

(a) ϕ14mm钢筋连接套筒；(b) ϕ20mm钢筋连接套筒

法进行了套筒加工，如图 15-2 所示。

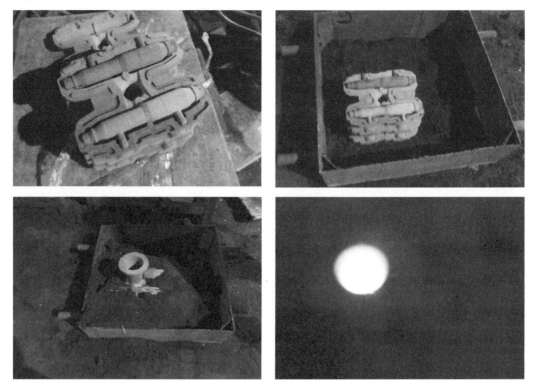

图 15-2　铸造用模具及其浇铸

通过浇铸完成了 QT600 套筒的加工，$\phi14$mm 与 $\phi20$mm 钢筋的 QT600 套筒实物图如图 15-3 所示。

图 15-3　$\phi14$mm 与 $\phi20$mm 钢筋 QT600 钢筋连接套筒

15.2　45 钢机加工套筒的结构设计

根据钢筋连接要求和预期达到的技术指标要求设计了 $\phi14$mm 与 $\phi20$mm 钢筋的 45 号钢套筒，并对套筒进行了调质热处理，其结构图如图 15-4 所示。

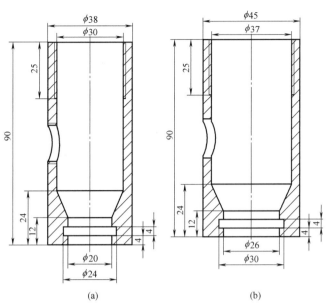

图 15-4 45 钢机加工套筒结构图

(a) φ14mm 钢筋连接套筒；(b) φ20mm 钢筋连接套筒

　　设计完成后对套筒进行了加工工艺设计，其中 φ20mm 钢筋的 φ45mm 套筒工艺卡片见图 15-5，根据加工工艺完成了套筒的制造，图 15-6 为 φ14mm 与 φ20mm 钢筋机加工连接套筒的实物图。

φ45套筒机加工工艺卡片			
1	下料	棒料φ45mm×92mm	锯床
2	粗车	夹B端，车A断面至棒长为91mm	CA6140
3	粗车	掉头，夹A端车B端至棒长为90mm	CA6140
4	钻孔	钻φ8通孔	钻床
5	扩孔	将通孔扩至φ26mm	钻床
6	粗车	车B端凹槽	CA6140
7	粗车	车B端锥面至φ33.75mm，长12mm	CA6140
8	粗车	车B端面至φ33.75mm，车至B断面55mm处	CA6140
9	粗车	掉头，夹B端车A端面，车孔至φ33.75mm，导通	CA6140
10	粗车	车螺纹，M37，粗牙P=3，长25mm	CA6140
11	钻孔	钻φ13.84mm通孔	钻床
12	粗车	车螺纹，M16，粗牙P=2，导通	CA6140

图 15-5 φ45mm 套筒工艺卡片

图 15-6　ϕ14mm 与 ϕ20mm 钢筋机加工钢筋连接套筒

套筒的有限元分析

在套筒设计完成后，建立了套筒的三维实体模型，在此基础上通过加载对套筒进行了有限元受力分析，主要分两种工况进行，一种是对心拉伸，一种是偏置拉伸。

16.1 ϕ14mm 钢筋套筒的有限元分析

HRB400 的 ϕ14mm 钢筋通过计算，得出最大的加载载荷为 8.7t，加载时考虑到过载情况，按照试验规程取安全系数为 1.1，所以最大加载载荷为 9.57t。对钢筋的一端固定，一端添加载荷，划分网格后通过计算即可得出有限元分析的结果。

16.1.1 对心拉伸工况

对心拉伸时的应力情况如图 16-1 所示，其中图 16-1（a）为整体的应力情况，图 16-1（b）为套筒内部钢筋连接的应力情况。

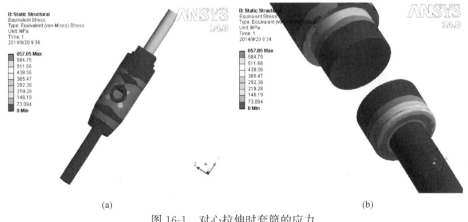

(a)   (b)

图 16-1 对心拉伸时套筒的应力

（a）整体的应力；（b）内部钢筋连接的应力

16.1.2 偏置拉伸工况

偏置拉伸时的应力情况如图 16-2 所示，其中图 16-2（a）为整体的应力情况，图 16-2

（b）为套筒内部钢筋连接的应力情况。

从图 16-1 和图 16-2 中可以看出，在载荷的作用下，套筒所受的应力较小，满足强度要求，对心拉伸时钢筋的应力在 438MPa 左右，而偏置情况下钢筋的应力在 514MPa 左右，比对心工况下有所提高，与理论分析情况基本一致。在套筒内部的钢筋连接处的应力比较大，主要是由于螺帽和套筒的接触面积小所致，可以适当地增大接触面积，减小应力值。

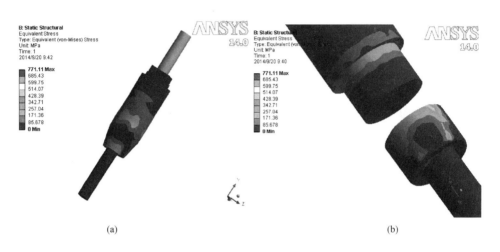

（a）　　　　　　　　　　　　　　　　　　（b）

图 16-2　偏置拉伸时套筒的应力

（a）整体的应力；（b）内部钢筋连接的应力

16.2　ϕ20mm 钢筋套筒的有限元分析

HRB400 的 ϕ20mm 钢筋通过计算，得出最大的加载载荷为 17.6t，加载时考虑到过载情况，按照试验规程取安全系数为 1.1，所以最大加载载荷为 19.4t。对钢筋的一端固定，一端添加载荷，划分网格后通过计算即可得出有限元分析的结果。

16.2.1　对心拉伸工况

对心拉伸时的应力情况如图 16-3 所示，其中图 16-3（a）为整体的应力情况，图 16-3（b）为套筒内部钢筋连接的应力情况。

16.2.2　偏置拉伸工况

偏置拉伸时的应力情况如图 16-4 所示，其中图 16-4（a）为整体的应力情况，图 16-4（b）为套筒内部钢筋连接的应力情况。

从图 16-3 和图 16-4 中可以看出，在载荷的作用下，套筒所受的应力较小，满足强度要求，与 ϕ14mm 钢筋相同，ϕ20mm 钢筋连接偏置工况下的应力比对心工况下有所提高，在套筒内部的钢筋连接处的应力比较大，应适当地增大接触面积，减小应力值。

（a）　　　　　　　　　　　　　　　（b）

图 16-3　对心拉伸时套筒的应力

（a）整体的应力；（b）内部钢筋连接的应力

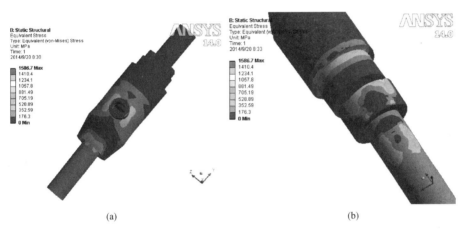

（a）　　　　　　　　　　　　　　　（b）

图 16-4　偏置拉伸时套筒的应力

（a）整体的应力；（b）内部钢筋连接的应力

17

未灌浆套筒的拉伸力学性能试验

在套筒加工制造完成后，对 ϕ14mm 钢筋和 ϕ20mm 钢筋套筒进行了拉伸力学性能测试，测试分为两种工况，第一种为单螺母拉伸，第二种为双螺母拉伸。

17.1　ϕ14mm 钢筋套筒的拉伸性能测试

在 ϕ14mm 钢筋上分别安装 1 个螺母和两个螺母，用套筒完成连接后，进行了力学性能测试。

单个螺母连接的工况下实验如图 17-1 所示。

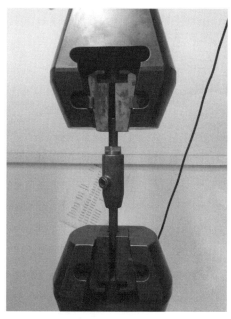

图 17-1　单个螺母连接的工况下实验（一）

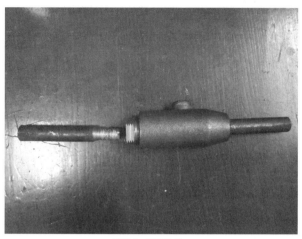

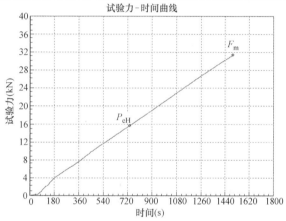

图 17-1 单个螺母连接的工况下实验（二）

对于单螺母连接的情况下，出现了钢筋螺纹连接脱扣的现象，脱扣时最大拉力为 5.68t。
两个螺母连接的工况下实验如图 17-2 所示。

图 17-2 双个螺母连接的工况下实验（一）

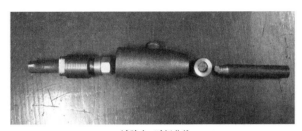

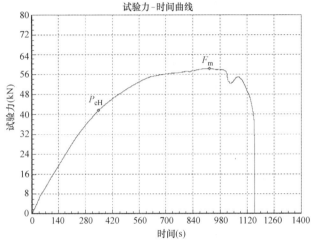

图 17-2　双个螺母连接的工况下实验（二）

对于双螺母连接的情况下，出现了钢筋螺纹断裂的现象，脱扣时最大拉力为 5.83t。

17.2　ϕ20mm 钢筋套筒的拉伸性能测试

单个螺母连接的工况下实验如图 17-3 所示。

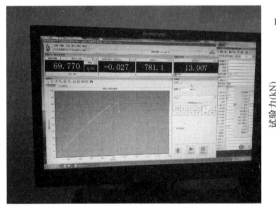

图 17-3　单个螺母连接的工况下实验

对于单螺母连接的情况下，出现了钢筋螺纹连接脱扣的现象，脱扣时最大拉力为 8.25t。

两个螺母连接的工况下实验如图 17-4 所示。

对于双螺母连接的情况下，也出现了钢筋螺纹连接脱扣的现象，脱扣时最大拉力为 10.18t。

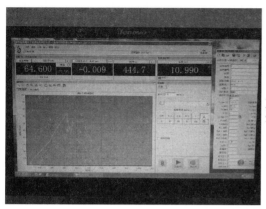
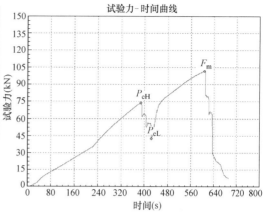

图 17-4　双个螺母连接的工况下实验

17.3　测试结论

通过对 ϕ14mm 和 ϕ20mm 两种钢筋套筒分别在两种工况下的力学性能测试发现，主要问题是螺纹连接，由于在设计时对于螺母的尺寸采用的标准件的尺寸，单螺母连接时，两种套筒都出现了脱扣的现象；双螺母连接时，ϕ14mm 钢筋套筒出现了拉断，ϕ20mm 钢筋则出现了脱扣，主要原因为：一是钢筋在螺纹根部由于截面面积的突变，强度有所减少；二是采用的标准件螺母厚度偏小，螺纹连接强度不够。

针对以上情况接下来的改进工作主要在以下两个方面：

（1）在钢筋上加工螺纹时应该在螺纹的根部减小螺纹切入深度，加强钢筋螺纹底部的强度；

（2）钢筋的螺纹连接螺母单独加工，加大螺母的厚度，并采用适当的热处理方法，增加螺纹连接的强度，保证套筒连接的可靠性。

17.4　结构的改进

通过分析，需要加大螺母的厚度以增加承载能力，保证连接的强度，对于螺母由标准件改为非标，采用机加工完成并进行调质处理。改进的结构如图 17-5 所示。

图 17-5　结构改进图

18

灌浆料拌合物的力学性能试验

根据要求对灌浆料拌合物进行了浇灌、养护，最后进行了力学性能的试验，其中两种灌浆料的技术指标要求如图 18-1 所示。

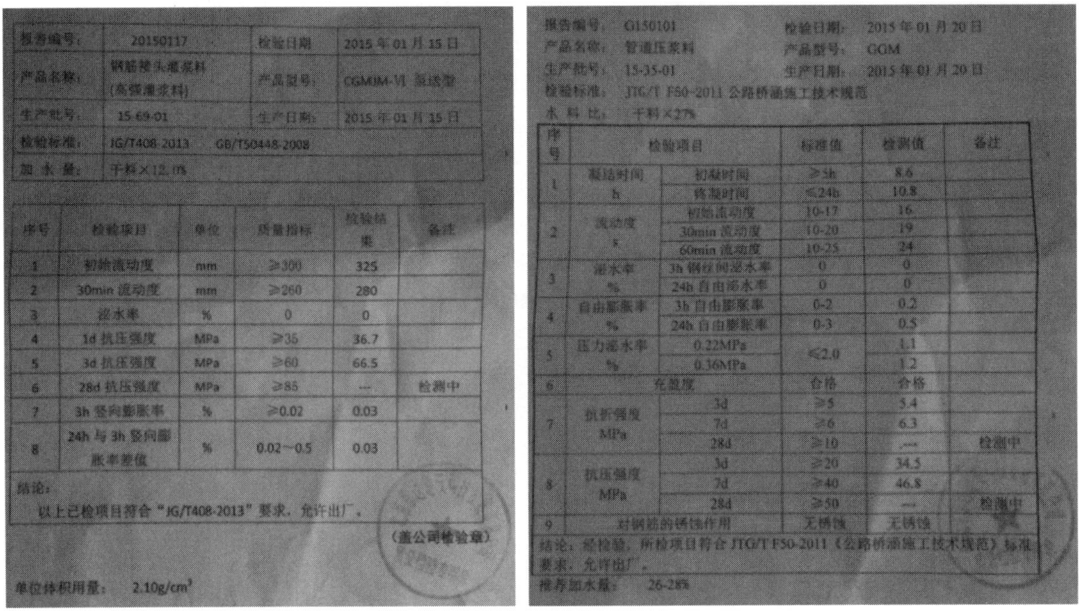

报告编号：	20150117	检验日期	2015 年 01 月 15 日
产品名称：	钢筋接头灌浆料（高强灌浆料）	产品型号：	CGMJM-VI 泵送型
生产批号：	15-69-01	生产日期：	2015 年 01 月 15 日
检验标准：	JG/T408-2013　GB/T50448-2008		
加 水 量：	干料×12.0%		

序号	检验项目	单位	质量指标	检验结果	备注
1	初始流动度	mm	≥300	325	
2	30min 流动度	mm	≥260	280	
3	泌水率	%	0	0	
4	1d 抗压强度	MPa	≥35	36.7	
5	3d 抗压强度	MPa	≥60	66.5	
6	28d 抗压强度	MPa	≥85	—	检测中
7	3h 竖向膨胀率	%	≥0.02	0.03	
8	24h 与 3h 竖向膨胀率差值	%	0.02～0.5	0.03	

结论：

以上已检项目符合“JG/T408-2013”要求，允许出厂。

（盖公司检验章）

单位体积用量：　2.10g/cm³

报告编号：　G150101　　检验日期：　2015 年 01 月 20 日

产品名称：　普通压浆料　　产品型号：　GGM

生产批号：　15-35-01　　生产日期：　2015 年 01 月 20 日

检验标准：　JTG/T F50-2011 公路桥涵施工技术规范

水 料 比：　干料×27%

序号	检验项目		标准值	检测值	备注
1	凝结时间 h	初凝时间	≥5h	8.6	
		终凝时间	≤24h	10.8	
2	流动度 s	初始流动度	10-17	16	
		30min 流动度	10-20	19	
		60min 流动度	10-25	24	
3	泌水率 %	3h 钢丝间泌水率	0	0	
		24h 自由泌水率	0	0	
4	自由膨胀率 %	3h 自由膨胀率	0-2	0.2	
		24h 自由膨胀率	0-3	0.5	
5	压力泌水率 %	0.22MPa	≤2.0	1.1	
		0.36MPa		1.2	
6	充盈度		合格	合格	
7	抗折强度 MPa	3d	≥5	5.4	
		7d	≥6	6.3	
		28d	≥10	—	检测中
8	抗压强度 MPa	3d	≥20	34.5	
		7d	≥40	46.8	
		28d	≥50	—	检测中
9	对钢筋的锈蚀作用		无锈蚀	无锈蚀	

结论：经检验，所检项目符合 JTG/T F50-2011《公路桥涵施工技术规范》标准要求，允许出厂。

推荐加水量：　26-28%

图 18-1　灌浆料的技术要求

根据灌浆料的要求对浆料进行了搅拌，搅拌完成后进行了试模浇注，对高强压浆料养护 28d 和普通压浆料养护 7d 后，对浆料拌合物进行了相关的性能试验，如图 18-2 所示。

经过测试后，浆料的力学性能见表 18-1。

在对浆料拌合物进行养护的同时，对套筒进行了灌浆和养护，养护如图 18-3 所示。

图 18-2 浆料拌合物的力学性能试验

浆料的力学性能   表 18-1

浆料种类	试验次数			均值	是否合格
	1	2	3		
高强灌浆料 28d(MPa)	91	106	81.25	92.75	≥85/合格
普通压浆料 7d(MPa)	38.1	47.5	42.6	42.73	≥40/合格

图 18-3 套筒灌浆后的养护

灌浆套筒的力学性能测试

套筒经过灌浆养护，测试灌浆料的力学性能达到标准后，按照现行《钢筋机械连接技术规程》JGJ 107 的要求对套筒进行了单向拉伸、高应力和大变形的三项力学性能测试。《钢筋机械连接技术规程》JGJ 107 中的力学性能测试要求见表 19-1。

钢筋接头的力学性能测试要求   表 19-1

接头等级		Ⅰ级	Ⅱ级	Ⅲ级
单向拉伸	残余变形(mm)	$u_0 \leqslant 0.10(d \leqslant 32)$ $u_0 \leqslant 0.14(d > 32)$	$u_0 \leqslant 0.14(d \leqslant 32)$ $u_0 \leqslant 0.16(d > 32)$	$u_0 \leqslant 0.14(d \leqslant 32)$ $u_0 \leqslant 0.16(d > 32)$
	最大力总伸长率(%)	$A_{sgt} \geqslant 6.0$	$A_{sgt} \geqslant 6.0$	$A_{sgt} \geqslant 3.0$
高应力反复拉压	残余变形(mm)	$u_{20} \leqslant 0.3$	$u_{20} \leqslant 0.3$	$u_{20} \leqslant 0.3$
大变形反复拉压	残余变形(mm)	$u_4 \leqslant 0.3$ 且 $u_8 \leqslant 0.6$	$u_4 \leqslant 0.3$ 且 $u_8 \leqslant 0.6$	$u_4 \leqslant 0.6$

注：当频遇荷载组合下，构件中钢筋应力明显高于 $0.6f_{yk}$ 时，设计部门可对单向拉伸残余变形 u_0 的加载峰值提出调整要求。

19.1　灌浆套筒的单向拉伸测试

对 $\phi14$mm 钢筋的连接套筒进行了单向拉伸测试，经过计算，HRB400 钢筋的强度为 6.15t，取安全系数为 1.3 时，最大拉力为 8.0t，按照所施加的载荷，在石家庄铁道大学机械学院 MTS 实验机上进行了相关的实验，如图 19-1 所示。

在测试过程中，载荷是逐渐加载的，当 $\phi14$mm 钢筋加载到 9.3t 时，钢筋出现了断裂，高于极限强度 8.0t，满足要求。如图 19-2 所示。

同时对 $\phi20$mm 钢筋套筒进行了单向拉伸试验测试，如图 19-3 所示。

HRB400 的 $\phi20$mm 钢筋的强度为 12.56t，取安全系数为 1.3 时，最大拉力为 16.32t，机加工灌浆套筒试验结果为加载到 16.7t 时，钢筋劲缩断裂，超过极限强度 16.32t，满足要求。

所以，通过对灌浆套筒的单向拉伸测试得知，$\phi14$mm 与 $\phi20$mm 钢筋的灌浆套筒都满足现行《钢筋机械连接技术规程》JGJ 107 中的技术要求，所设计的套筒满足要求。

(a)　　　　　　　　　　(b)

图 19-1　φ14mm 钢筋套筒单向拉伸的力学性能试验

（a）铸造灌浆套筒试验；（b）机加工灌浆套筒试验

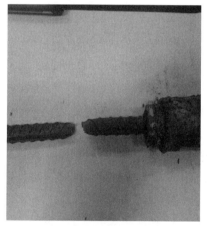

图 19-2　φ14mm 钢筋套筒单向拉伸试验结果

图 19-3　φ20mm 钢筋套筒单向拉伸试验测试

19.2 灌浆套筒的高应力反复拉压测试

对 ϕ14mm 钢筋的连接套筒进行了高应力反复拉压测试,按照现行《钢筋机械连接规程》中的要求,钢筋连接进行高应力反复拉压测试的加载制度,见表 19-2。

钢筋接头的加载制度 表 19-2

试验项目		加载制度
单向拉伸		$0 \rightarrow 0.6f_{yk} \rightarrow 0$(测量残余变形)$\rightarrow$最大拉力(记录抗拉强度)$\rightarrow 0$(测定最大力总伸长率)
高应力反复拉压		$0 \rightarrow (0.9f_{yk} \rightarrow -0.5f_{yk}) \rightarrow$破坏 (反复 20 次)
大变形反复拉压	Ⅰ级 Ⅱ级	$0 \rightarrow (2\varepsilon_{yk} \rightarrow -0.5f_{yk}) \rightarrow (5\varepsilon_{yk} \rightarrow -0.5f_{yk}) \rightarrow$破坏 (反复 4 次)　　　　(反复 4 次)
	Ⅲ级	$0 \rightarrow (2\varepsilon_{yk} \rightarrow -0.5f_{yk}) \rightarrow$破坏 (反复 4 次)

对 ϕ14mm 钢筋套筒进行了高应力反复拉压测试,如图 19-4 所示。

图 19-4　ϕ14mm 钢筋连接套筒的高应力反复拉压测试

经过高应力的反复拉压测试后,得出套筒的测试曲线图如图 19-5 所示。

通过对高应力反复拉压测试结果进行分析可以看出,经过 20 次的反复拉压疲劳测试后,钢筋连接装置的最大残余变形约为 0.37mm,而且在应力为 0 左右的横轴处,曲线出现了较大的水平滑移,实验结果大于规定的 0.3mm,主要是因为用于高应力反复拉压测试的灌浆套筒的浆料没有灌好,所以出现了较大的水平滑移。

通过对试验测试结果的分析,对套筒进行了解剖,如图 19-6 所示。

套筒解剖后发现,在钢筋螺母连接处和上下钢筋之间的间隙处,灌浆料均有较小的气泡和由于气泡存在而产生的空隙,以致在反复拉压过程中出现了较大的水平滑移,导致结果不符合要求。分析产生气泡的原因,主要是在试验室灌浆过程中,由于灌浆枪压力不足造成。接下来重新对套筒进行了灌浆和养护,对套筒进行了疲劳测试。

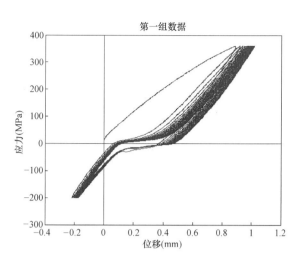

图 19-5 φ14mm 钢筋连接套筒的高应力反复拉压测试结果

图 19-6 套筒的解剖图

19.3 灌浆套筒的大变形反复拉压测试

对 φ14mm 钢筋套筒进行了大变形反复拉压测试，如图 19-7 所示。

图 19-7 φ14mm 钢筋连接套筒的大变形反复拉压测试

测试后获得了 φ14mm 钢筋连接套筒的大变形反复拉压测试数据，经过处理后得出大变形反复拉压测试曲线图如图 19-8 所示。

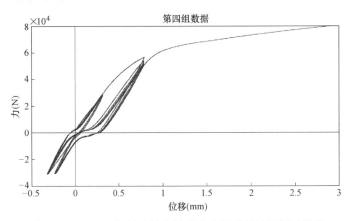

图 19-8　φ14mm 钢筋连接套筒的大变形反复拉压测试结果

对图 19-8，按照现行《钢筋机械连接技术规程》JGJ 107 的要求进行了处理，处理后如图 19-9 所示。

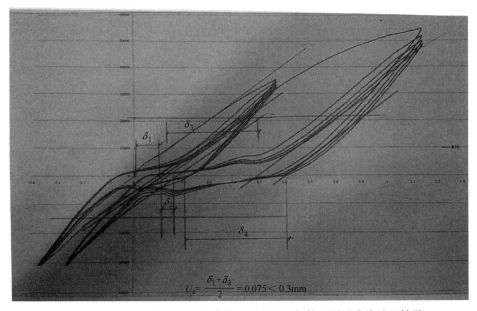

图 19-9　φ14mm 钢筋机械连接套筒的大变形反复拉压测试曲线处理结果

通过对图 19-8 和图 19-9 进行分析可以看出，钢筋机械连接套筒经过 0.314mm-3.08t 的四次反复拉压和 0.715mm-3.08t 的四次反复拉压后，钢筋机械连接套筒的残余变形最大为 0.27mm，小于规定的 0.3mm，满足要求。

总之，经过灌浆套筒的力学性能测试后，套筒的单向拉伸和大变形反复拉压测试均满足设计要求，高应力反复拉压测试由于灌浆套筒的浆料没有灌好，出现了较大的水平滑移，后咨询相关专家，一般情况下灌浆套筒力学性能测试最难满足的为大变形反复拉压测试，如果大变形反复拉压测试能够满足，高应力反复拉压测试也能满足要求。

20

其他尺寸套筒的结构设计

20.1 φ10mm 钢筋套筒相关图纸

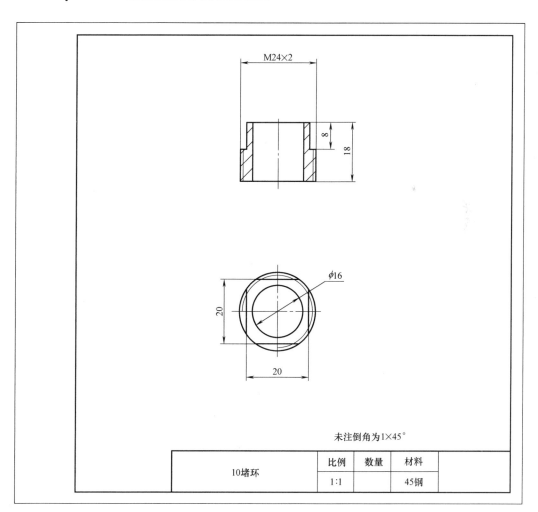

10堵环	比例	数量	材料
	1:1		45钢

未注倒角为1×45°

图 20-1 10 堵环

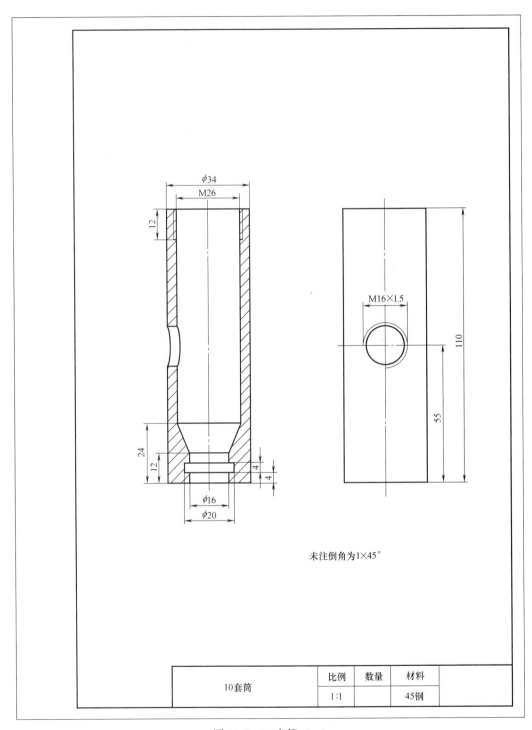

	比例	数量	材料	
10套筒	1:1		45钢	

图 20-2　10 套筒（一）

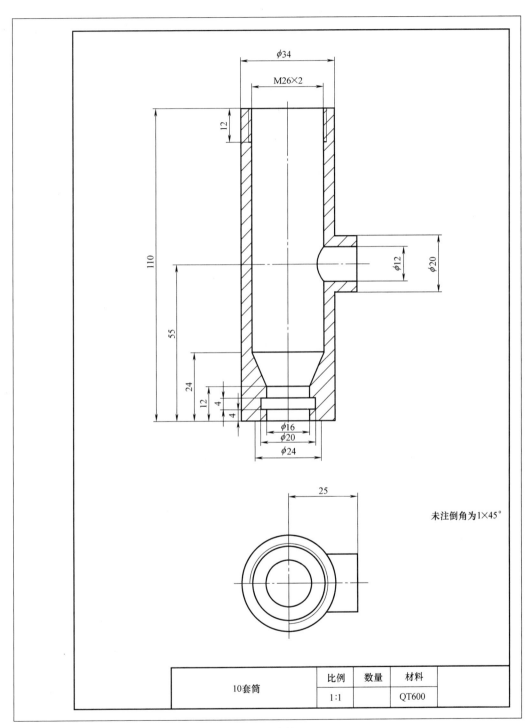

图 20-3 10 套筒（二）

20.2 ϕ12mm 钢筋套筒相关图纸

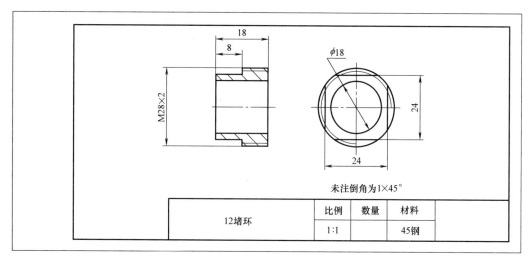

图 20-4 12堵环

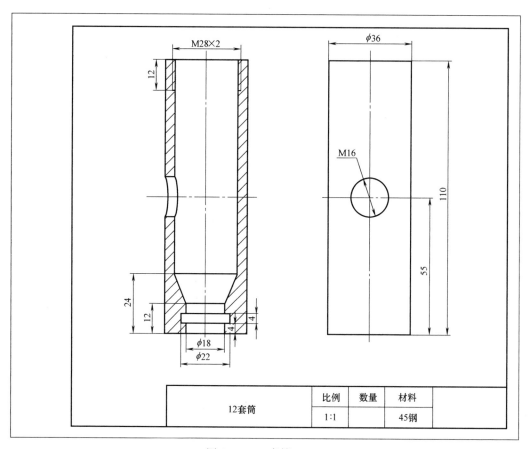

图 20-5 12套筒（一）

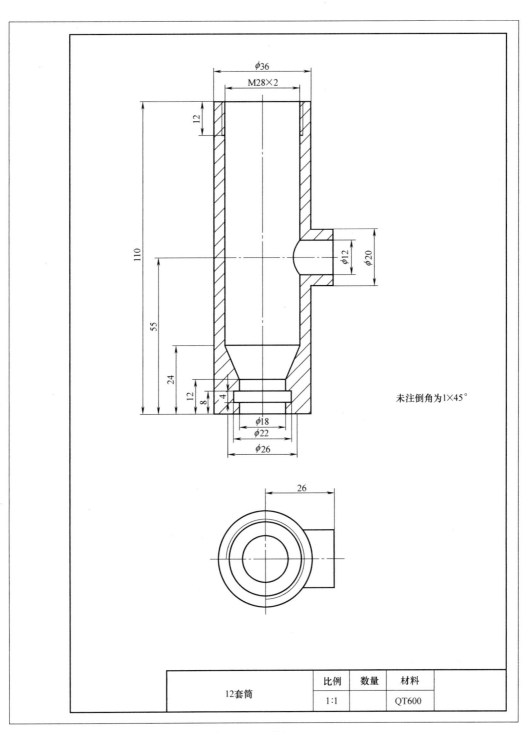

12套筒	比例	数量	材料	
	1:1		QT600	

图 20-6　12 套筒（二）

未注倒角为1×45°

20.3 φ14mm 钢筋套筒相关图纸

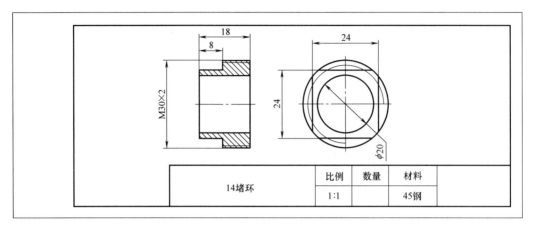

图 20-7　14 堵环

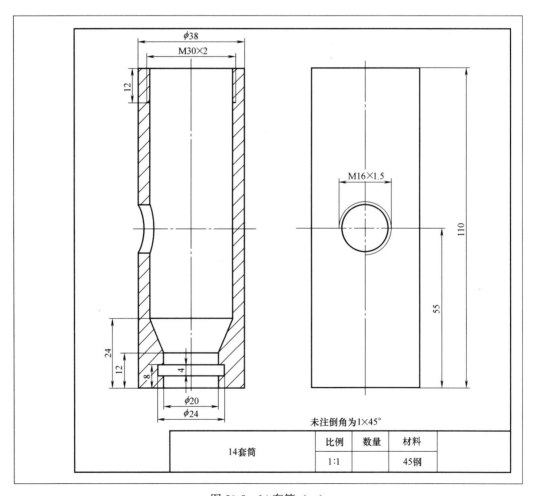

图 20-8　14 套筒（一）

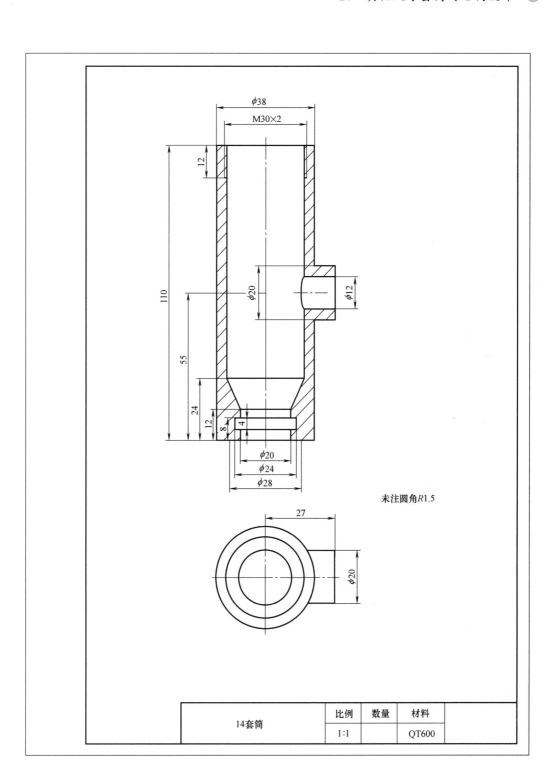

未注圆角R1.5

14套筒	比例	数量	材料	
	1:1		QT600	

图 20-9　14 套筒（二）

20.4 ϕ16mm 钢筋套筒相关图纸

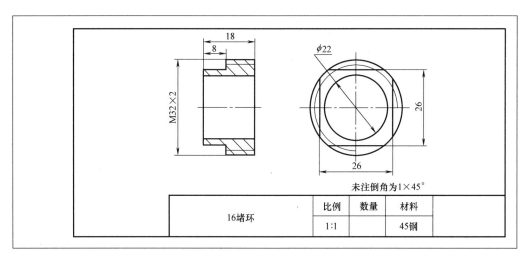

图 20-10　16 堵环

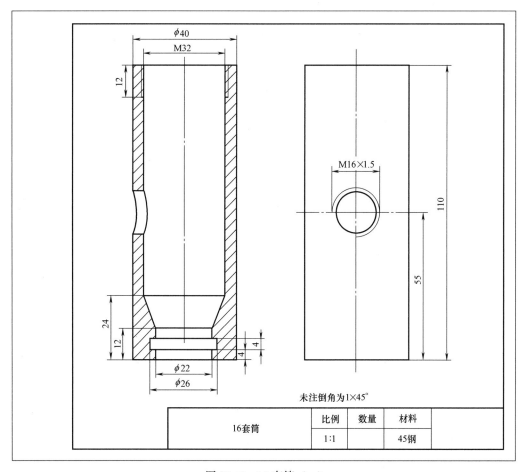

图 20-11　16 套筒（一）

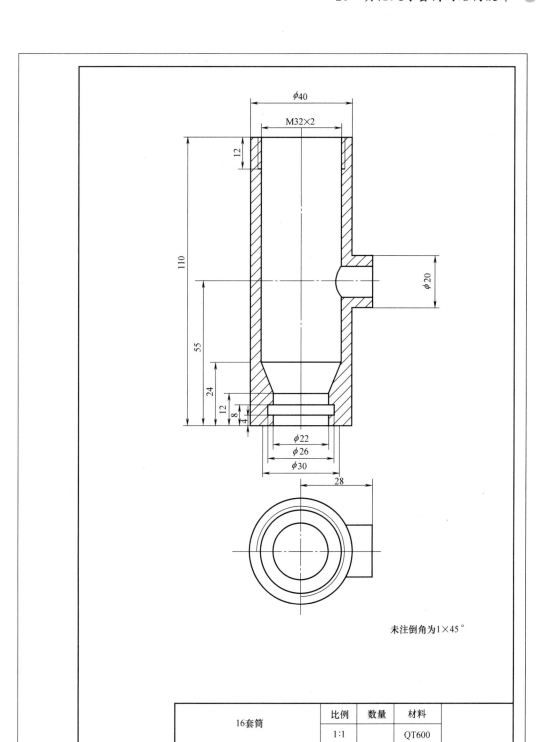

未注倒角为1×45°

16套筒	比例	数量	材料
	1:1		QT600

图 20-12 16 套筒（二）

20.5 ϕ18mm 钢筋套筒相关图纸

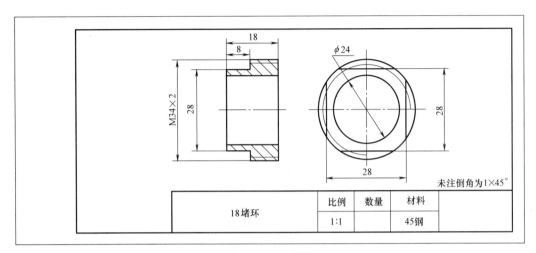

18堵环	比例	数量	材料	
	1:1		45钢	

图 20-13　18堵环

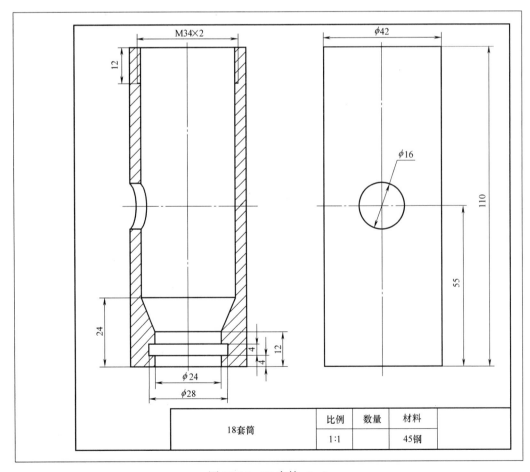

18套筒	比例	数量	材料	
	1:1		45钢	

图 20-14　18套筒（一）

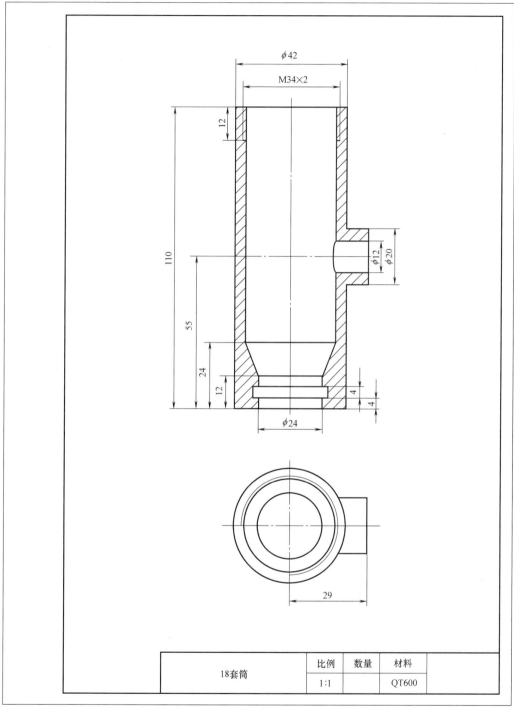

18套筒	比例	数量	材料	
	1:1		QT600	

图 20-15　18套筒（二）

20.6 ϕ20mm 钢筋套筒相关图纸

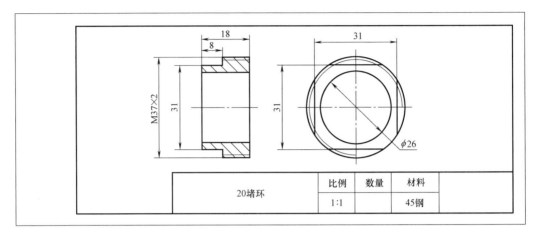

图 20-16 20 堵环

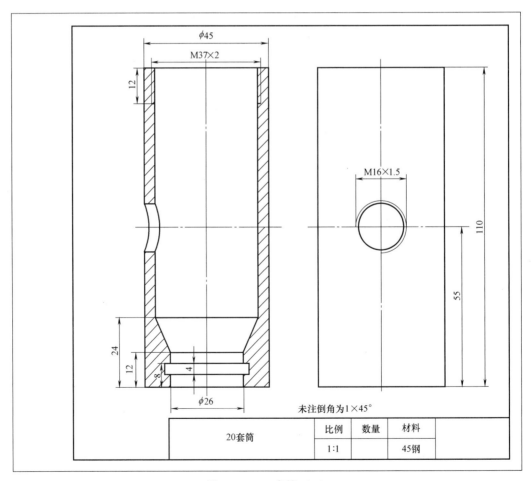

图 20-17 20 套筒（一）

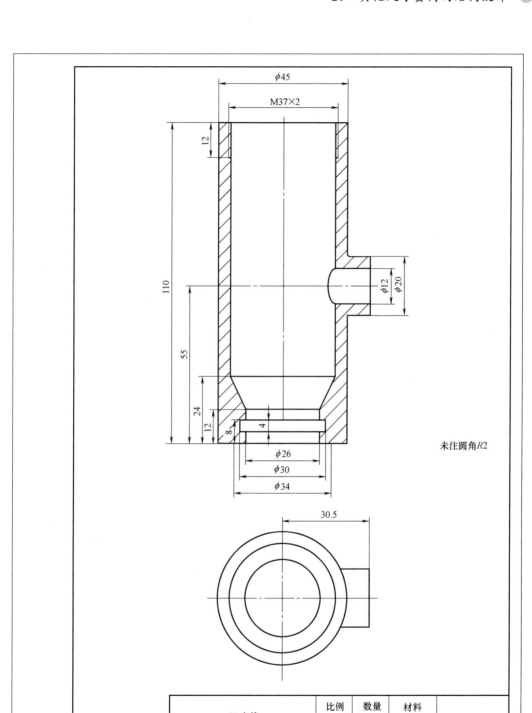

未注圆角R2

20套筒	比例	数量	材料	
	1:1		QT600	

图 20-18 20 套筒（二）

20.7 ϕ22mm 钢筋套筒相关图纸

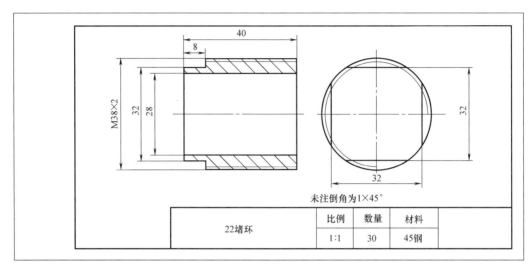

未注倒角为1×45°

	比例	数量	材料	
22堵环	1:1	30	45钢	

图 20-19 22 堵环

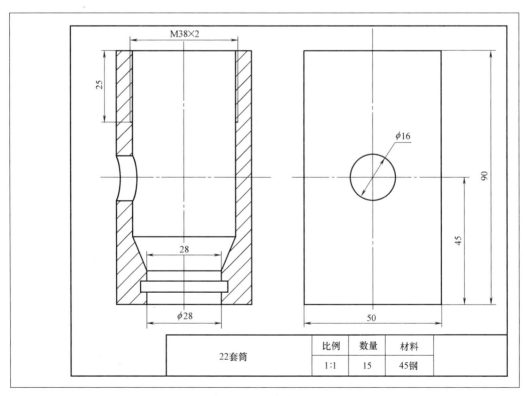

	比例	数量	材料
22套筒	1:1	15	45钢

图 20-20 22 套筒（一）

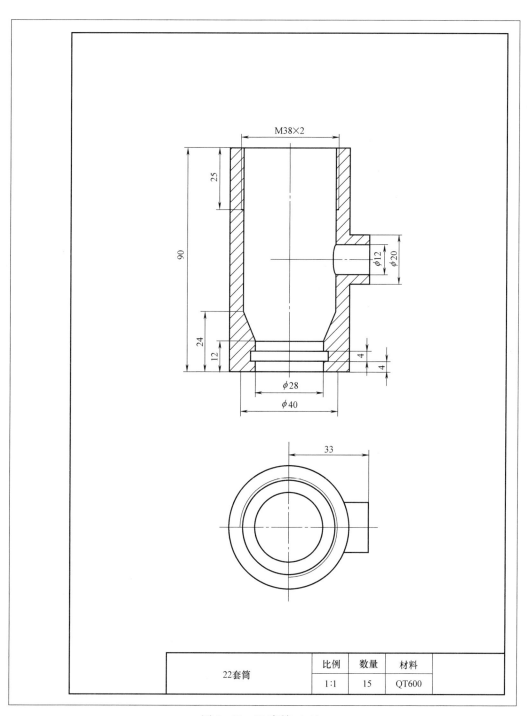

22套筒	比例	数量	材料	
	1:1	15	QT600	

图 20-21 22 套筒（二）

20.8 φ25mm 钢筋套筒相关图纸

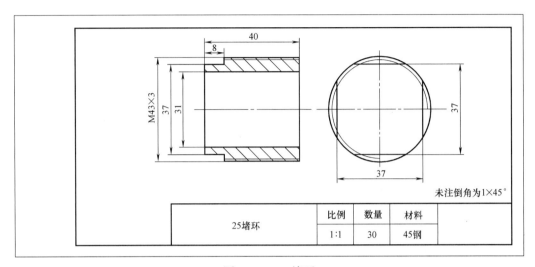

图 20-22　25 堵环

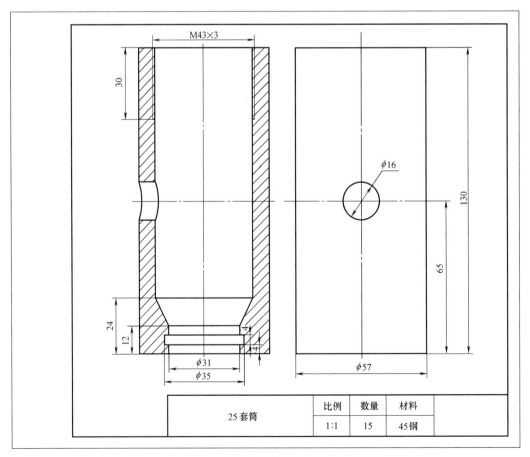

图 20-23　25 套筒（一）

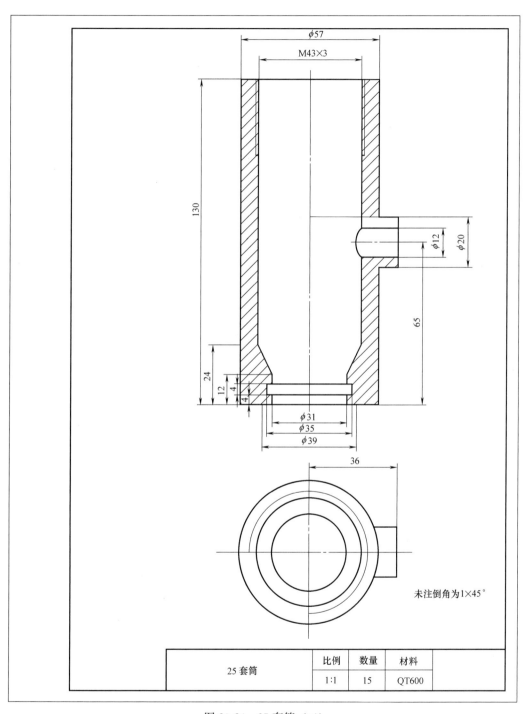

图 20-24　25 套筒（二）

25 套筒	比例	数量	材料	
	1:1	15	QT600	

20.9 φ28mm 钢筋套筒相关图纸

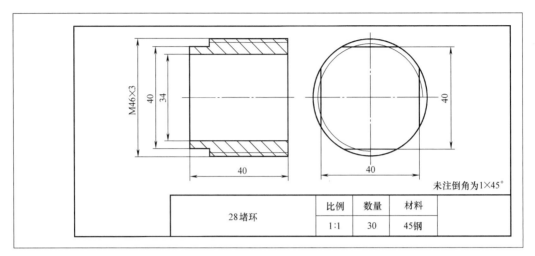

未注倒角为1×45°

	比例	数量	材料	
28堵环	1:1	30	45钢	

图 20-25 28 堵环

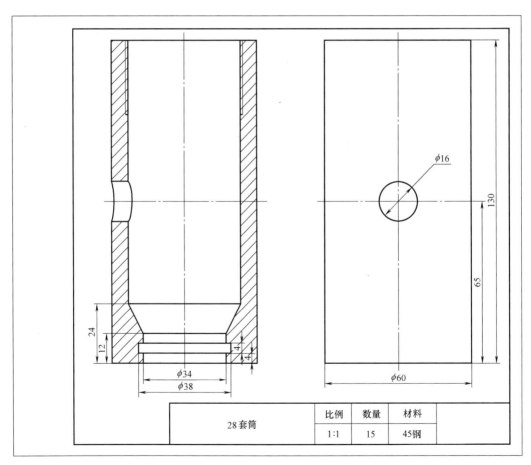

	比例	数量	材料
28套筒	1:1	15	45钢

图 20-26 28 套筒（一）

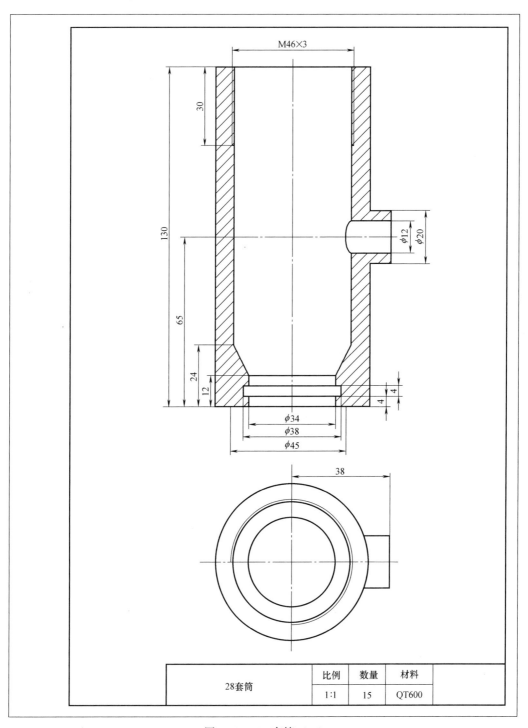

28套筒	比例	数量	材料	
	1:1	15	QT600	

图 20-27　28 套筒（二）

20.10 φ30mm 钢筋套筒相关图纸

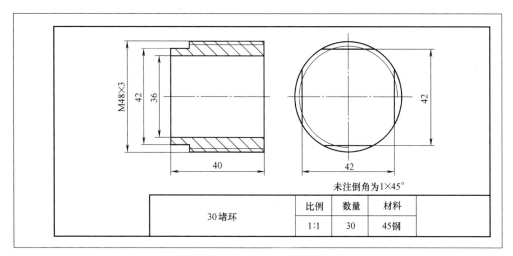

未注倒角为1×45°

30堵环	比例	数量	材料	
	1:1	30	45钢	

图 20-28　30 堵环

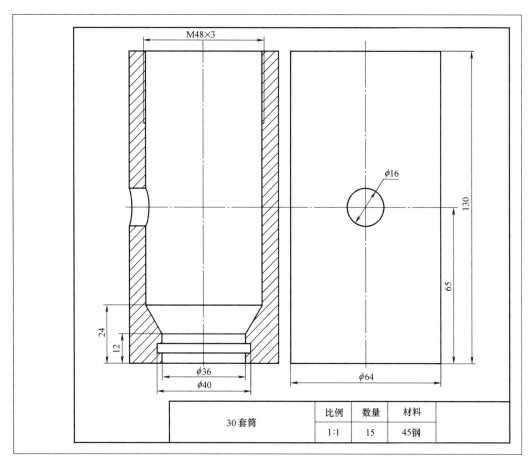

30套筒	比例	数量	材料
	1:1	15	45钢

图 20-29　30 套筒（一）

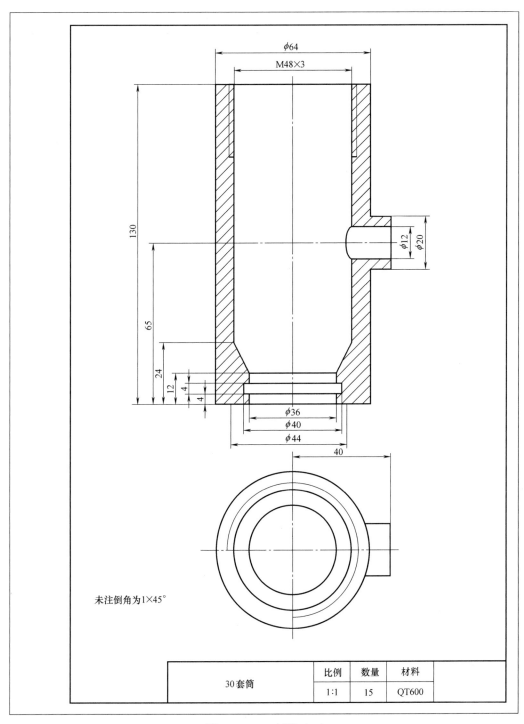

未注倒角为1×45°

30套筒	比例	数量	材料	
	1:1	15	QT600	

图 20-30　30 套筒（二）

20.11 φ32mm 钢筋套筒相关图纸

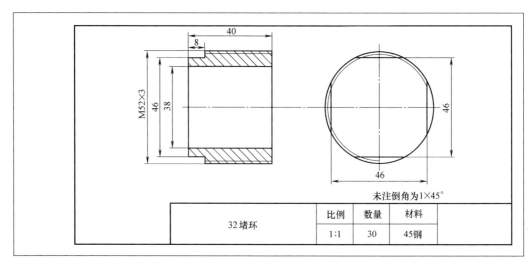

32 堵环	比例	数量	材料	
	1:1	30	45钢	

未注倒角为1×45°

图 20-31　32 堵环

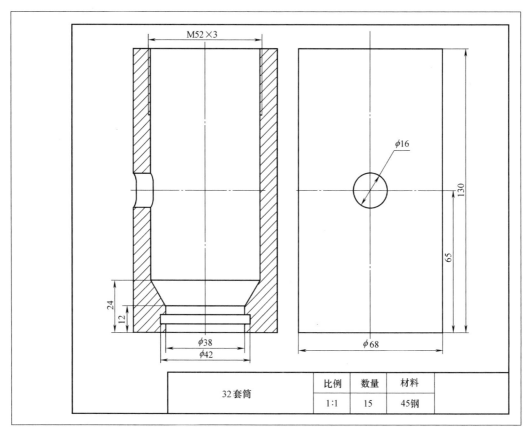

32 套筒	比例	数量	材料	
	1:1	15	45钢	

图 20-32　32 套筒（一）

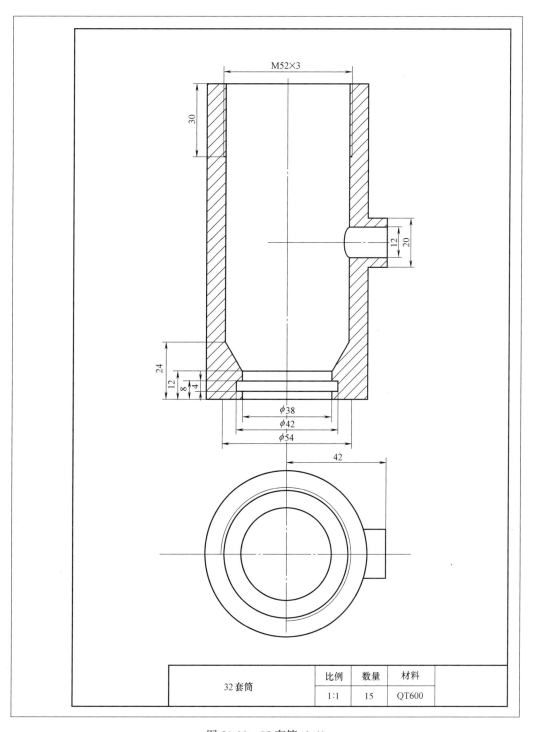

	比例	数量	材料
32套筒	1:1	15	QT600

图 20-33　32套筒（二）

21

机加工套筒工艺卡片

21.1 $\phi 10mm$ 钢筋套筒工艺卡片

$\phi34$套筒机加工工艺卡片				
	1	下料	棒料ϕ40mm×92mm	锯床
	2	粗车	粗车棒料至ϕ34mm	CA6140
	3	粗车	夹B端，车A断面至棒长为91mm	CA6140
	4	粗车	掉头，夹A端车B端至棒长为90mm	CA6140
	5	钻孔	钻ϕ8通孔	钻床
	6	扩孔	将通孔扩至ϕ16mm	钻床
	7	粗车	车B端凹槽	CA6140
	8	粗车	车B端锥面至ϕ23.84mm，长12mm	CA6140
	9	粗车	车B端面至ϕ23.84mm，车至B断面55mm处	CA6140
	10	粗车	掉头，夹B端车A端面，车孔至ϕ23.84mm，导通	CA6140
	11	粗车	车螺纹，M26，粗牙P=2，长25mm	CA6140
	12	钻孔	钻ϕ13.84mm通孔	钻床
	13	粗车	车螺纹，M16，粗牙P=2，导通	CA6140

21.2 φ12mm 钢筋套筒工艺卡片

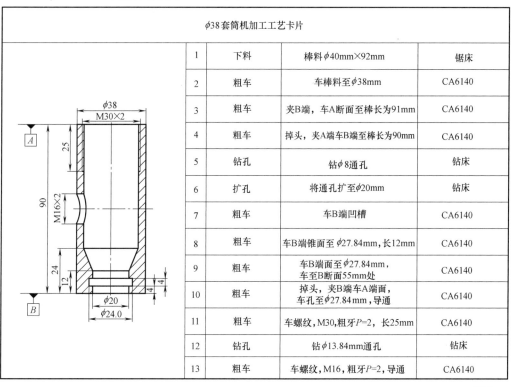

		φ36套筒机加工工艺卡片	
1	下料	棒料φ40mm×92mm	锯床
2	粗车	车棒料至φ36mm	CA6140
3	粗车	夹B端，车A断面至棒长为91mm	CA6140
4	粗车	掉头，夹A端车B端至棒长为90mm	CA6140
5	钻孔	钻φ8通孔	钻床
6	扩孔	将通孔扩至φ18mm	钻床
7	粗车	车B端凹槽	CA6140
8	粗车	车B端锥面至φ25.84mm，长12mm	CA6140
9	粗车	车B端面至φ25.84mm，车B断面55mm处	CA6140
10	粗车	掉头，夹B端车A端面，车孔至φ25.84mm，导通	CA6140
11	粗车	车螺纹，M28，粗牙P=2，长25mm	CA6140
12	钻孔	钻φ13.84mm通孔	钻床
13	粗车	车螺纹，M16，粗牙P=2，导通	CA6140

21.3 φ14mm 钢筋套筒工艺卡片

		φ38套筒机加工工艺卡片	
1	下料	棒料φ40mm×92mm	锯床
2	粗车	车棒料至φ38mm	CA6140
3	粗车	夹B端，车A断面至棒长为91mm	CA6140
4	粗车	掉头，夹A端车B端至棒长为90mm	CA6140
5	钻孔	钻φ8通孔	钻床
6	扩孔	将通孔扩至φ20mm	钻床
7	粗车	车B端凹槽	CA6140
8	粗车	车B端锥面至φ27.84mm，长12mm	CA6140
9	粗车	车B端面至φ27.84mm，车至B断面55mm处	CA6140
10	粗车	掉头，夹B端车A端面，车孔至φ27.84mm，导通	CA6140
11	粗车	车螺纹，M30，粗牙P=2，长25mm	CA6140
12	钻孔	钻φ13.84mm通孔	钻床
13	粗车	车螺纹，M16，粗牙P=2，导通	CA6140

21.4 φ16mm 钢筋套筒工艺卡片

		φ40套筒机加工工艺卡片	
1	下料	棒料φ40mm×92mm	锯床
2	粗车	夹B端，车A断面至棒长为91mm	CA6140
3	粗车	掉头，夹A端车B端至棒长为90mm	CA6140
4	钻孔	钻φ8通孔	钻床
5	扩孔	将通孔扩至φ22mm	钻床
6	粗车	车B端凹槽	CA6140
7	粗车	车B端锥面至φ29.29mm，长12mm	CA6140
8	粗车	车B端面至φ29.29mm，车至B断面55mm处	CA6140
9	粗车	掉头，夹B端车A端面，车孔至φ29.29mm，导通	CA6140
10	粗车	车螺纹，M32,粗牙P=2.5,长25mm	CA6140
11	钻孔	钻φ13.84mm通孔	钻床
12	粗车	车螺纹，M16,粗牙P=2,导通	CA6140

21.5 φ18mm 钢筋套筒工艺卡片

		φ42套筒机加工工艺卡片	
1	下料	棒料φ42mm×92mm	锯床
2	粗车	夹B端，车A断面至棒长为91mm	CA6140
3	粗车	掉头，夹A端车B端至棒长为90mm	CA6140
4	钻孔	钻φ8通孔	钻床
5	扩孔	将通孔扩至φ24mm	钻床
6	粗车	车B端凹槽	CA6140
7	粗车	车B端锥面至φ30.75mm，长12mm	CA6140
8	粗车	车B端面至φ30.75mm，车至B断面55mm处	CA6140
9	粗车	掉头，夹B端车A端面，车孔至φ30.75mm，导通	CA6140
10	粗车	车螺纹，M34,粗牙P=3,长25mm	CA6140
11	钻孔	钻φ13.84mm通孔	钻床
12	粗车	车螺纹，M16,粗牙P=2,导通	CA6140

21.6　φ20mm 钢筋套筒工艺卡片

φ45套筒机加工工艺卡片			
1	下料	棒料φ45mm×92mm	锯床
2	粗车	夹B端，车A断面至棒长为91mm	CA6140
3	粗车	掉头，夹A端车B端至棒长为90mm	CA6140
4	钻孔	钻φ8通孔	钻床
5	扩孔	将通孔扩至φ26mm	钻床
6	粗车	车B端凹槽	CA6140
7	粗车	车B端锥面至φ33.75mm，长12mm	CA6140
8	粗车	车B端面至φ33.75mm，车至B断面55mm处	CA6140
9	粗车	掉头，夹B端车A端面，车孔至φ33.75mm，导通	CA6140
10	粗车	车螺纹，M37，粗牙$P=3$，长25mm	CA6140
11	钻孔	钻φ13.84mm通孔	钻床
12	粗车	车螺纹，M16，粗牙$P=2$，导通	CA6140

21.7　φ22mm 钢筋套筒工艺卡片

φ50套筒机加工工艺卡片			
1	下料	棒料φ50mm×92mm	锯床
2	粗车	夹B端，车A断面至棒长为91mm	CA6140
3	粗车	掉头，夹A端车B端至棒长为90mm	CA6140
4	钻孔	钻φ8通孔	钻床
5	扩孔	将通孔扩至φ28mm	钻床
6	粗车	车B端凹槽	CA6140
7	粗车	车B端锥面至φ34.75mm，长12mm	CA6140
8	粗车	车B端面至φ34.75mm，车至B断面55mm处	CA6140
9	粗车	掉头，夹B端车A端面，车孔至φ34.75mm，导通	CA6140
10	粗车	车螺纹，M38，粗牙$P=3$，长25mm	CA6140
11	钻孔	钻φ13.84mm通孔	钻床
12	粗车	车螺纹，M16，粗牙$P=2$，导通	CA6140

21.8 ϕ25mm 钢筋套筒工艺卡片

		ϕ57套筒机加工工艺卡片	
1	下料	棒料ϕ60mm×132mm	锯床
2	粗车	粗车外圆，车至ϕ57mm	CA6140
3	粗车	夹B端，车A断面至棒长为131mm	CA6140
4	粗车	掉头，夹A端车B端至棒长为130mm	CA6140
5	钻孔	钻ϕ8通孔	钻床
6	扩孔	将通孔扩至ϕ31mm	钻床
7	粗车	车B端凹槽	CA6140
8	粗车	车B端锥面至ϕ39.75mm，长12mm	CA6140
9	粗车	车B端面至ϕ39.75mm，车至B断面100mm处	CA6140
10	粗车	掉头，夹B端车A端面，车孔至ϕ39.75mm，导通	CA6140
11	粗车	车螺纹，M43，粗牙P=3，长30mm	CA6140
12	钻孔	钻ϕ13.84mm通孔	钻床
13	粗车	车螺纹，M16，粗牙P=2，导通	CA6140

21.9 ϕ28mm 钢筋套筒工艺卡片

		ϕ60套筒机加工工艺卡片	
1	下料	棒料ϕ60mm×130mm	锯床
2	粗车	夹B端，车A断面至棒长为131mm	CA6140
3	粗车	掉头，夹A端车B端至棒长为130mm	CA6140
4	钻孔	钻ϕ8通孔	钻床
5	扩孔	将通孔扩至ϕ34mm	钻床
6	粗车	车B端凹槽	CA6140
7	粗车	车B端锥面至ϕ42.75mm，长12mm	CA6140
8	粗车	车B端面至ϕ42.75mm，车至B断面100mm处	CA6140
9	粗车	掉头，夹B端车A端面，车孔至ϕ42.75mm，导通	CA6140
10	粗车	车螺纹，M46，粗牙P=3，长30mm	CA6140
11	钻孔	钻ϕ13.84mm通孔	钻床
12	粗车	车螺纹，M16，粗牙P=2，导通	CA6140

21.10 φ30mm 钢筋套筒工艺卡片

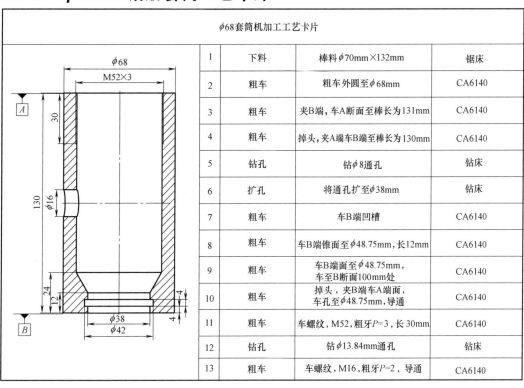

φ64套筒机加工工艺卡片			
1	下料	棒料φ70mm×132mm	锯床
2	粗车	粗车外圆至φ64mm	CA6140
3	粗车	夹B端,车A断面至棒长为131mm	CA6140
4	粗车	掉头,夹A端车B端至棒长为130mm	CA6140
5	钻孔	钻φ8通孔	钻床
6	扩孔	将通孔扩至φ36mm	钻床
7	粗车	车B端凹槽	CA6140
8	粗车	车B端锥面至φ44.75mm,长12mm	CA6140
9	粗车	车B端面至φ44.75mm,车至B断面100mm处	CA6140
10	粗车	掉头,夹B端车A端面,车孔至φ44.75mm,导通	CA6140
11	粗车	车螺纹,M48,粗牙$P=3$,长30mm	CA6140
12	钻孔	钻φ13.84mm通孔	钻床
13	粗车	车螺纹,M16,粗牙$P=2$,导通	CA6140

21.11 φ32mm 钢筋套筒工艺卡片

φ68套筒机加工工艺卡片			
1	下料	棒料φ70mm×132mm	锯床
2	粗车	粗车外圆至φ68mm	CA6140
3	粗车	夹B端,车A断面至棒长为131mm	CA6140
4	粗车	掉头,夹A端车B端至棒长为130mm	CA6140
5	钻孔	钻φ8通孔	钻床
6	扩孔	将通孔扩至φ38mm	钻床
7	粗车	车B端凹槽	CA6140
8	粗车	车B端锥面至φ48.75mm,长12mm	CA6140
9	粗车	车B端面至φ48.75mm,车至B断面100mm处	CA6140
10	粗车	掉头,夹B端车A端面,车孔至φ48.75mm,导通	CA6140
11	粗车	车螺纹,M52,粗牙$P=3$,长30mm	CA6140
12	钻孔	钻φ13.84mm通孔	钻床
13	粗车	车螺纹,M16,粗牙$P=2$,导通	CA6140

直径较大的钢筋墩头开发

通过全国调研，了解到已有的钢筋镦粗机只能把钢筋直径镦粗增加 1～2mm，不能满足作为灌浆套筒钢筋镦头的要求。

我们联合鞍山钢铁集团有限公司，开发了直径较大的钢筋镦头，钢筋的直径可以增加 10mm，能够符合新型套筒对钢筋镦头的要求，开发出来的直径较大的钢筋镦头如图 22-1 所示。

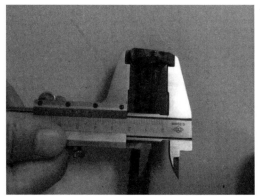

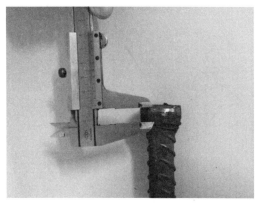

图 22-1　直径较大的钢筋镦头（一）

图 22-1　直径较大的钢筋镦头（二）

关键技术和创新点

23.1 关键技术

本书的关键技术，可细化为以下几个方面：

（1）开发直径较大的钢筋墩头；

（2）开发堵环及相应的螺母；

（3）研发新型的钢筋墩头螺帽锁锚灌浆套筒，分为球墨铸铁和钢机加工两种。

23.2 创新点

由于研发的钢筋墩头螺帽锁锚灌浆套筒高度较小，因此减少了用钢量和灌浆量，节省材料和成本，能增大操作空间，方便检查灌浆质量，可以保证连接性能更加可靠。新型钢筋墩头螺帽锁锚灌浆套筒的钢筋利用墩头、螺帽、堵环、灌浆料及套筒之间的锁锚挤压和粘结传力，改变了以前的灌浆连接的预制构件的钢筋拉力主要通过粘结来传力的方式。可以避免灌浆料失效后，原有的预制剪力墙结构施工质量不好控制，倒塌造成重大的人员伤亡和经济财产损失。

下 篇 展 望

预制构件的受力钢筋的连接技术是直接影响装配式混凝土结构安全度的关键，而钢筋套筒灌浆连接技术是国内外公认的一种最成熟的解决方案，但是目前的套筒长度和直径都比较大，用钢量大，成本高，仅靠摩擦粘结传力，且其耐久性并没有得到充分验证；竖向连接的预制构件安装时，存在坐浆质量不好控制、灌浆料不能充满空隙等问题，导致结合面在水平荷载作用下容易开裂破坏，建筑物会发生连续倒塌，导致严重的生命财产损失。

新研发的"钢筋墩头螺帽锁锚灌浆套筒"，长度比现有的钢机械加工套筒和球墨铸铁灌浆套筒都要小，同时墩头、螺帽锁锚灌浆变径套筒在现有的套筒灌浆的基础上做了较大改进，使钢筋利用墩头、螺帽、堵环、灌浆料及套筒之间的锁锚挤压和粘结传力，改变了以前的灌浆连接预制构件的钢筋拉力主要通过粘结来传力的方式。可以避免灌浆料失效后，原有的预制剪力墙结构倒塌造成重大的人员伤亡和经济财产损失。

采用后浇带把预制构件连接，一方面便于查看工人的灌浆质量，另一方面预制构件连接处的抗剪性能比原有的大大改善，同时可以在两片剪力墙间通过采取抗剪措施达到不同的抗震性能指标，这也符合现有工程的基于性能的抗震设计方法。

新研发的钢筋墩头螺帽锁锚灌浆套筒连接装配剪力墙，不仅能够采用研发的新型钢筋墩头螺帽锁锚灌浆套筒连接预制混凝土剪力墙的竖向钢筋，使钢筋连接的安全性、可靠性和耐久性大大提高，而且可以在预制剪力墙水平缝之间采取剪力墙抗滑移措施，解决原有装配剪力墙坐浆质量不好控制、灌浆料不能充满空隙导致抗剪性能不好，地震时会发生剪切破坏的问题，同时提高装配剪力墙结构的整体性和抗剪、抗震性能。

参 考 文 献

[1] 黄小坤，田春雨. 预制装配式混凝土结构的研究进展 [J]. 住宅产业，2010，09：28-32.

[2] 陈子康，周云，张季超，等. 装配式混凝土框架结构的研究与应用 [J]. 工程抗震与加固改造，2012，34 (4)：1-11.

[3] Ned M. Cleland, N. M. Cleland, T. J. D'Arcy, et al. Design for lateral force resistance with precast concrete shear walls [J]. Pci Journal, 1997, 42 (5)：44-63.

[4] 薛伟辰，王东方. 预制混凝土板墙体系发展现状 [J]. 工业建筑，2002，32 (12)：57-60.

[5] 严薇，曹永红，李国荣. 装配式结构体系的发展与建筑工业化 [J]. 重庆建筑大学学报，2004，10 (5)：131-133.

[6] 王晓东. 装配式大板结构的抗震性能分析 [D]. 中国地震局工程力学研究所，2009.

[7] Pekau O A, Zielinski Z A, Lee A W K, et al. Dynamic effects of panel failure in precast concrete shear walls [J]. ACI Structural Journal, 1988, 85 (3)：277-285.

[8] Mochizuki S. Experiment on slip strength of horizontal joint of precast concrete multi story shear walls [J]. Eleven world conference on earthquake engineering, 1996, 194：1-8.

[9] Pekau O A. Influence of vertical joints on the earthquake response of precast panel walls [J]. Building and Environment, 1981, 16 (2)：153-162.

[10] Harry G., Harris, George Jau-jyh Wang. Static and dynamic testing of model precast concrete shearwalls of large panel buildings [J]. Special Publication, 1982, 03：205-237.

[11] Oliva M G, Clough R W, Vekov M, et al. Correlation of analytical and experimental responses of large-panel precast building systems [R]. UCB/EERC-83/20, 1988.

[12] Nazzal S., Armouti. Effect of axial load on hysteretic behavior of precast bearing shear walls [J]. The international earthquake engineering conference, Dead sea, 2005, 1-9.

[13] Yahya Kurama, Richard Sause, Stephen Pessiki, et al. Lateral Load Behavior and Seismic Design of Unbonded Post-Tensioned Precast ConcreteWalls [J]. ACI Structural Journal, 1999, 96 (4)：622-633.

[14] Pekau O A, Yuzhu Cui. Progressive collapse simulation of precast panel shear walls during earthquakes [J]. Computers and Structures, 2006, 84 (5-6)：400-412.

[15] Khaled A. Soudki, Sami H. Rizkalla. Horizontal connection for precast concrete shear walls subjected to cyclic deformations part1：mild steelconnections [J]. PCI Journal, 1995 (4)：78-96.

[16] Khaled A. Soudki, Sami H. Rizkalla, Bob DaikiW. Horizontal connection for precast concrete shear walls subjected to cyclic deformations part2：prestressed connections [J]. PCI Journal, 1995 (5)：82-96.

[17] 彭媛媛. 预制钢筋混凝土剪力墙抗震性能试验研究 [D]. 清华大学工学，2010.

[18] Chakrabarti S C, Nayak G C, Paul D K. Shear characteristics of cast-in place vertialjoints in story-high precast wall assembly [J]. ACI Struc-tural Journal, 1988, 85 (1)：30-45.

[19] BHATT P. Influence of vertical joints on the behavior of Precast Shear Walls [J]. Build Science, 1973, 08：221-224.

[20] Hashim M. S Abdul-wahab and Sina Y. H. Sarsam. Prediction of ultimate shear strength of vertical joints in large panel structures [J]. ACIStructural Journal, 1991, 88 (2)：204-211.

[21] Hashim M. S Abdul-wahab. Strength of vertical joints with steel fiber reinforced concrete in large panel structures [J]. ACI Structural Journal, 1992, 89 (4)：367-374.

[22] 尹之潜，朱玉莲，杨淑文，等. 高层装配式大板结构模拟地震试验 [J]. 土木工程学报，1996，

29 (3)：57-64.

[23] 姜洪斌. 预制混凝土剪力墙结构技术的研究与应用 [J]. 住宅产业，2010，09：22-27.

[24] 陈惠玲，刘鸿琪，张忠利. 预制整体带边框剪力墙在反复水平力作用下的强度和延性 [J]. 工业建筑，1984，06：33-36.

[25] 陈彤，郭惠琴，马涛，等. 装配整体式剪力墙结构在住宅产业化试点工程中应用 [J]. 建筑结构，2011，41 (2)：26-30.

[26] 陈锦石，郭正兴. 全预制装配整体式剪力墙结构体系空间模型抗震性能研究 [J]. 施工技术，2012，41 (364)：87-89，98.

[27] 张军，侯海泉，董年才，等. 全预制装配整体式剪力墙住宅结构设计及应用 [J]. 施工技术，2009，38 (5)：22-24.

[28] 孙金墀，张美励，苏文元. 装配整体式剪力墙结构体系抗震性能试验 [J]. 建筑结构，1990，06：58，53.

[29] 钱稼茹，彭媛媛，张景明，等. 竖向钢筋套筒浆锚连接的预制剪力墙抗震性能试验 [J]. 建筑结构，2011，41 (2)：1-6.

[30] 钱稼茹，彭媛媛，秦珩，等. 竖向钢筋留洞浆锚间接搭接的预制剪力墙抗震性能试验 [J]. 建筑结构，2011，41 (2)：7-11.

[31] 张微敬，钱稼茹，陈康，等. 竖向分布钢筋单排连接的预制剪力墙抗震性能试验 [J]. 建筑结构，2011，41 (2)：12-16.

[32] 张微敬，孟涛，钱稼茹，等. 单片预制圆孔板剪力墙抗震性能试验 [J]. 建筑结构，2010，40 (6)：76-80.

[33] 钱稼茹，张微敬，赵丰东，等. 双片预制圆孔板剪力墙抗震性能试验 [J]. 建筑结构，2010，40 (6)：72-75，96.

[34] 张家齐. 预制混凝土剪力墙足尺子结构抗震性能试验研究 [D]. 哈尔滨工业大学，2010.

[35] 杨勇. 带竖向结合面预制混凝土剪力墙抗震性能试验研究 [D]. 哈尔滨工业大学，2011.

[36] 颜万鸿. 大尺寸传统配筋预制 RC 剪力墙实验与分析 [D]. 成功大学，2005.

[37] 谢忠龙. 大尺寸扇形配筋预制 RC 剪力墙实验与分析 [D]. 成功大学，2005.

[38] 叶献国，张丽军，王德才，等. 预制叠合板式混凝土剪力墙水平承载力实验研究 [J]. 合肥工业大学学报（自然科学版），2009，32 (8)：1215-1218.

[39] 朱张峰，郭正兴. 预制装配式剪力墙结构节点抗震性能试验研究 [J]. 土木工程学报，2012，45 (1)：69-76.

[40] 余宗明. 日本的套筒灌浆式钢筋接头 [J]. 建筑技术，1991，02：50-53.

[41] 李晓明. 装配式混凝土结构关键技术在国外的发展与应用 [J]. 住宅产业，2011，06：16-18.

[42] 赵培. 约束浆锚钢筋搭接连接试验研究 [D]. 哈尔滨工业大学，2011.

[43] 钱稼茹，彭媛媛，秦珩，等. 竖向钢筋留洞浆锚间接搭接的预制剪力墙抗震性能试验 [J]. 建筑结构，2011，41 (2)：7-11.

[44] 中国建筑科学研究院，等. 钢筋机械连接技术规程：JGJ 107—2016 [S]. 北京：中国建筑工业出版社，2016.

[45] 陈子康，周云，张季超，等. 装配式混凝土框架结构的研究与应用 [J]. 工程抗震与加固改造，2012，34 (4)：1-10.

[46] 张海顺，姜洪斌. 预制混凝土结构插入式预留孔灌浆钢筋锚固搭接试验研究 [D]. 哈尔滨工业大学，2009：61.

[47] 王国强. 实用工程数值模拟技术及其在 ANSYS 上的实践 [M]. 西安：西北工业大学出版社，1-133.

［48］ Zhu Bofang. The F inite ElementM ethod Theory and A pplications ［M］. Beijing：China Water Conservancy and Hydropower Press，1998.

［49］ 周岑，孙利民. 钢筋混凝土结构弹塑性分析在 ANSYS 中实现 ［A］. ANSYS 中国用户年会论文集 ［C］. 昆明，2002.

［50］ 张朝晖. ANSYS 11.0 结构分析工程应用实例解析（第 2 版） ［M］. 北京：机械工业出版社，2008.

［51］ 林新志. 考虑粘结滑移的组合式单元模型研究与应用 ［D］. 河海大学，2005.

［52］ Rolf Eligehausen，Egor P Popov，V itel mo V Brterol Local bond stress-slip relationships of deformed bars under generalized excitations ［R］1R eportN o1UCB/EERC 83/23，Oct 1983.

［53］ 宋玉普，赵国藩. 钢筋与混凝土之间的粘结滑移性能研究 ［J］. 大连工学院学报，1987，（2）：93-100.

［54］ 吕西林，金国芳，吴小涵. 钢筋混凝土结构非线性有限元理论与应用 ［M］. 上海：同济大学出版社，1997.

［55］ Soroushian P. Localbond of deformed barsw ith different diameters in confined concrete ［J］1ACI，Structura，l 1989，86.

［56］ Antonio F Barbosa，G abrielO R ibeiro1Analysis of reinforced concrete structures using ANSYS nonlinear concretemodel ［J］1ComputationalM echanics，1990.

［57］ 王艺霖. 钢筋与混凝土粘结性能的若干问题研究 ［D］. 华中科技大学，2005.

［58］ MAGNUSSON J. Bond and anchorage of ribbed bars in high-strength concrete ［D］. Goteborg，Sweden：Division of Concrete Structures，Dept of Structural Engineering，Chalmers University of Technology，2000.

［59］ 宋玉普，赵国藩. 钢筋与混凝土之间的粘结滑移性能研究 ［J］. 大连工学院学报，1987，26（2）：93-100.

［60］ NAMMUR G，Jr，NAAMAN A E. Bond stress model for fiber reinforced concrete based on bond stress-slip relationship ［J］. ACI Materials，1989，86（1）：45-57.

［61］ LUTZ L A. Analysis of stresses in concrete near a reinforcing bar due to bond and transverse cracking ［J］. ACI Journal，1970，67（10）：778-787.

［62］ YERLICI V A，TURAN O. Factors affecting anchorage bond strength in high-performance concrete ［J］. ACI Structural Journal，2000，97（3）：499-507.

［63］ ENRICO S，SUCHART L. Responses of reinforced concrete members including bond-slip effects ［J］. ACI Structural Journal，2000，97（6）：831-839.